小小的自然观察笔记

王灵捷 著　王静思 绘

大自然住我家

童趣出版有限公司编　　人民邮电出版社出版
北　　京

图书在版编目（CIP）数据

小小的自然观察笔记. 大自然住我家 / 王灵捷著 ; 王静思绘 ; 童趣出版有限公司编. -- 北京 : 人民邮电出版社, 2023.3
ISBN 978-7-115-59903-2

Ⅰ. ①小… Ⅱ. ①王… ②王… ③童… Ⅲ. ①自然科学—少儿读物 Ⅳ. ①N49

中国版本图书馆CIP数据核字(2022)第150681号

作　　者：王灵捷
绘　　者：王静思
责任编辑：王王杰
责任印制：孙智星
美术编辑：杨　倩　王东晶

编　　　：童趣出版有限公司
出　　版：人民邮电出版社
地　　址：北京市丰台区成寿寺路11号邮电出版大厦（100164）
网　　址：www.childrenfun.com.cn

读者热线：010-81054177
经销电话：010-81054120

印　　刷：北京联兴盛业印刷股份有限公司
开　　本：889 X 1194　1/16
印　　张：6
字　　数：100千字
版　　次：2023年3月第1版　2024年5月第12次印刷
书　　号：ISBN 978-7-115-59903-2
定　　价：39.00 元

目录

序

“你好！我是小小。猜猜我在干什么？”

小小对身边的一切都充满好奇：这是什么？它为什么长这样？它和我们有什么不同？……从身边的到野外的，从天上的到地上的，大自然的秘密太多了！这次，他邀请你和身边的朋友们，一起踏上一趟大自然的解密之旅。

在这本书中，你会在一些页面上找到这些图标：

观察　　测量　　描述　　查阅资料

调查

分类

统计

比较

分析

发挥创意

动手实践

记录

我已经准备好了，让我们一起来探索吧！

我们的家园

银河系和大约 50 个像它这样的星系组成了庞大的星系群，而这个星系群又和其他星系群一起继续壮大，形成超星系团……它们共同的家，叫作宇宙。

地球的家：太阳系与银河系

你找到那颗蔚蓝星球了吗？一、二、三，从内往外数，它是距离太阳第三近的行星，我们都居住在这颗叫作地球的星球上。地球是我们的家园，那地球的家又在哪儿呢？

如果把我们看作地球的话，那我们住的房子就是地球的家——太阳系。我们所在的小区，就像太阳系所处的大社区——银河系。望向星空时，投射在我们眼里的点点繁星都是地球的外太空邻居。

土星：土星自带光环，那是由被土星引力所捕捉的尘埃和冰晶组成的。

天王星：天王星也拥有环带，只是不够明显。

天文学家在发现天王星之后，通过计算预测出了海王星的存在，所以海王星可以说是一颗被计算出来的行星。这两颗行星距离地球十分遥远，仍有许多未知等待我们探索。

太阳精力充沛，向星系中的成员不断传递光和热。

火星：火星上的气候条件和地球最接近，引起了科学家们的好奇心。火星能成为我们的另一个家园吗？我国已经开启了火星探测计划，“天问一号”是执行首次任务的探测器。

水星：水星是太阳系八大行星中体积最小的一颗。

地球

金星：金星大气中的二氧化碳含量很高，像一层玻璃罩一样锁住了星球上的热量。金星是太阳系中表面温度最高的行星。它的亮度也很高，是夜空中肉眼可见的明星。

木星：木星的个头儿最大，而且拥有最多的卫星，目前已知的就有 79 颗呢！我们使用望远镜就能观察到其中最大的四颗：木卫三、木卫四、木卫一和木卫二。

海王星

星系千姿百态，但每个星系里都能找到恒星和行星。在整个宇宙中，太阳是离我们最近的恒星。如果失去了太阳，地球上的生活会变成什么样呢？

地球会失去光亮！

地球绕着自身的中轴——地轴转动，这让一天中地球面向太阳的位置不断变化。面向太阳的地方明亮，而背对太阳的地方黑暗，也就产生了地球上的白天和黑夜。当太阳不见了，我们就只能生活在黑暗中了。

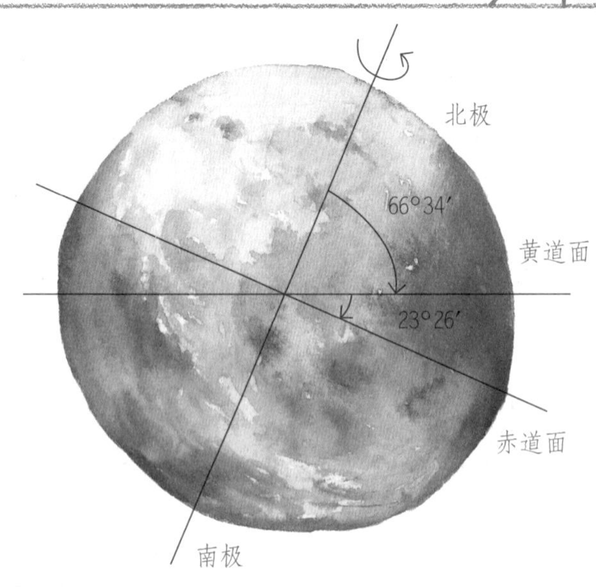

春分 3 月 21 日前后

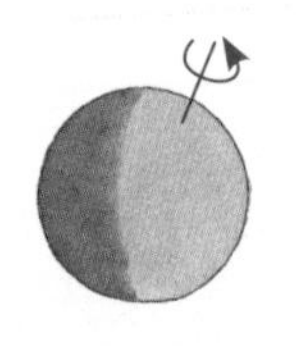

夏至 6 月 22 日前后

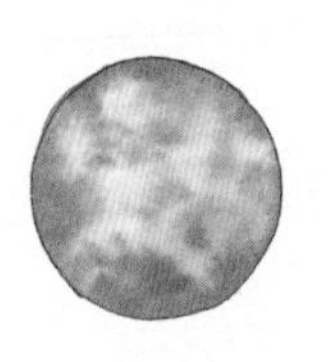

冬至 12 月 22 日前后

秋分 9 月 23 日前后

地球会失去热量！

除了光亮，太阳还为地球传来热量。

一年中，地球绕太阳的公转运动，为地球上的生命带来了四季的不同感受。如果太阳消失了，地球就会失去让大多数生命感到舒适的温度，陷入极端的寒冷。

小常识

对于生活在北半球的我们来说，夏天的温度最高，因为北半球在夏天沐浴了直射的阳光。当太阳直射南半球时，北半球也就到了一年里最冷的冬天。

小小的疑问：
那么，太阳真的会消失吗？

答案：

会。恒星和人一样，都有寿命。太阳的寿命大约有110亿年，而到现在，它已经度过了“星生”的近50亿年，步入了中年。太阳最终会将自己燃尽，不过在此之前，我们可以更多地去了解它，把它的故事讲给身边的人听。

植物都枯萎了！

叶子是植物的营养器官，它吸收太阳光，把二氧化碳和水转变成自身所需的营养，同时释放出氧气（即光合作用）。离开了太阳，绿叶植物就无法通过光合作用获得能量了。当植物都枯萎了，以植物为食的动物们也就难以生存下去了。

小贴士：

千万不要直视太阳，否则有可能对眼睛造成永久性的伤害。使用望远镜观测前，必须覆上专用的遮光膜。

我们的家：地球

作为太阳系里最幸运的成员，地球成了众多生命的庇护所。我们的地球家园，到底是个什么样的地方?

从太空中看的话，地球是一颗表面有不同颜色的球体。这个球体上的每一种色彩都藏着重要的信息。蓝色的地方是大江大河，绿色和黄色代表大地和沙漠，白色则是大气的颜色。

小常识

行星的英文“Planet”来自于希腊语，意思是“漂泊者、漫游者”。但行星其实并不在宇宙中漂泊，它们总会沿着各自的轨道，围绕恒星运行。

你注意到了吗，地球的“腰”上有一圈“赘肉”，这让它看起来是扁圆形的。这圈“赘肉”就是赤道。地球的“上半身”是我们所在的北半球，而“下半身”则是南半球。

地球的“腰围”有40000多千米长!

小小探索笔记——摸得到的八大行星

记录日期：2019 年 3 月 12 日
记录地点：我的家
工具：铅笔、30cm 直尺、草稿纸、计算器、神秘道具。

居住在地球上的我们有机会把八大行星一次看个遍吗？试试看这样做吧！

想把八大行星都搬到眼前，就要先把它们按照一定比例缩小，表格中有等比例缩小后的信息。借助尺子，我在身边找到了不同的“神秘道具”，制作了摸得到的行星模型。

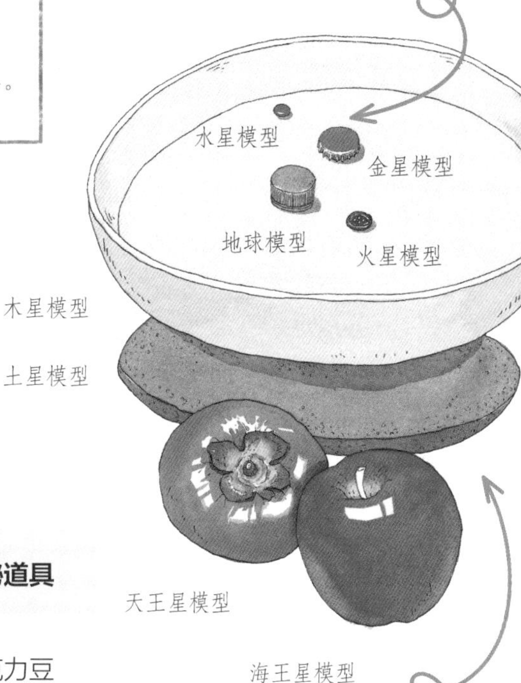

行星	赤道半径 / km	转换后的半径 / cm	神秘道具
水星	2 440	0.5	巧克力豆
金星	6 052	1.2	瓶盖 A
地球	6 378	1.3	瓶盖 B
火星	3 396	0.7	大衣纽扣
木星	71 398	14.6	果盘
土星	60 000	12.3	锅垫
天王星	25 400	5.2	柿子
海王星	24 300	5	苹果

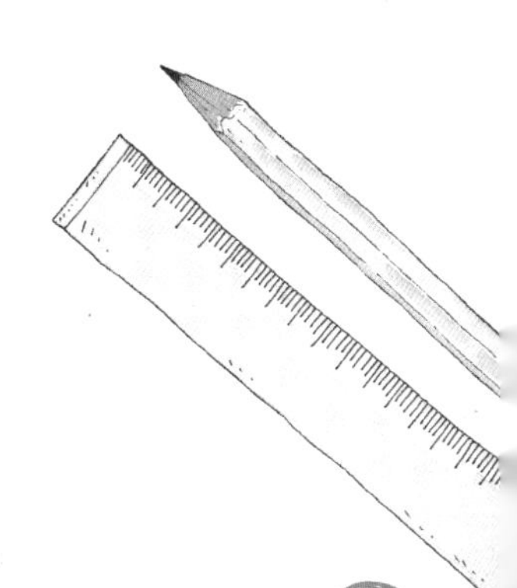

我的家

现在，你知道我们在哪儿了吧！

如果我把地球放大，再放大，你就能看到我的家了！如果没有天花板的话，当一只小鸟飞过，就会看到这样的景色。

这是我设计的自然符号，表示大自然在这个地方留下了痕迹。

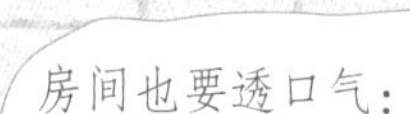

房间也要透口气：

在确定好每个房间的位置之后，别忘了看看每个房间的门都装在哪儿。它们又是往哪个方向打开的呢？图上咖啡色的部分就表示了小小家的房门。

对了，在开始探索之前，还有一件很重要的事。来认识一下我的家里有哪些成员吧。我们也都是大自然的一部分呀！

小小探索笔记——我的家庭成员

	爸爸	妈妈	我
身高	174 厘米	169 厘米	125 厘米
在家最爱做的事	浇花	和猫对话	画画
最常出现的地方	阳台、书房	厨房、卧室	书房、厨房

我们都是人！这好像不用特意说明。但在很久以前，地球上存在过许多不同的人种，比如尼安德特人、丹尼索瓦人等。如果在那个时候你说你是人，别人一定会问：你到底是哪一种人呢？

我的宠物

我的家里还有几位特殊的成员呢，它们的个头儿比我的小很多！它们爱吃的东西、喜欢做的事情，还有生活习惯都和我截然不同。它们是我的宠物伙伴——猫咪豆豆和七彩文鸟夫妻，也是我打开自然大门的第一把钥匙。

它是什么动物？

豆豆是一只猫。

“豆豆”是我为宠物猫起的名字，因为它身上长有豆子一样的斑纹。而“猫”则是动物学家们赋予这种动物的名字。世界上有很多猫，豆豆却是唯一的。

当我们看到另一些动物的轮廓时，容易把它们认成猫，因为它们和豆豆一样都来自猫科这个更大的家庭。

如果说“属”是一个玻璃罐子的话，那么“科”就是装着不同玻璃罐子的箱子，而“种”就像装在玻璃罐子里的糖果。

狮子

猎豹

老虎

家猫

云豹

小常识：动物们是怎么命名的？

现在广泛使用的命名方法是双名法，是一位瑞典的科学家林奈制定的。这种命名法规定，每个物种的学名由属名和种加词构成。这样，即使是新发现的物种也可以用双名法为它命名。

它长什么样？

豆豆有 4 条腿和 1 条长长的尾巴，眼睛又大又圆，炯炯有神，和其他猫科家族成员比起来，也毫不逊色。

老虎

猎豹

雪豹

猫科动物的眼睛长在脸的正前方。这样双眼能更准确地判断猎物的位置，是大自然中捕食者的标准长相。

那些被捕食的动物，眼睛往往长在脸的两侧，这样就能获得更宽广的视野，随时能察觉捕食者的踪影。

麻雀

羚羊

水牛

它爱吃什么？

豆豆喜欢吃各种肉！

猫咪属于食肉动物，它们的食谱上全是肉类。而我们是杂食动物，虽然爱吃肉，但还要摄入足够的果蔬，才能健康成长。还有一类动物是“素食爱好者”，植物就是它们的主食。

食肉动物们有着锐利的牙齿，在它们的眼里，根本没有难啃的骨头。

黑猩猩这种灵长动物是杂食性的，也就是说，它们什么都爱吃一点儿。

食草动物的胃肠功能非常发达，最难消化的植物纤维，也能被它们充分吸收。这是我们人类和猫咪都做不到的！

小常识：大熊猫曾经也吃肉

在我们的印象中，大熊猫总是抱着竹子、吃着水果。其实大熊猫的祖先也吃肉，只不过为了适应自然环境，它们的口味发生了极大的改变。如果要写一本竹子菜谱，大熊猫一定是最好的作者。

它有什么特别的构造？

太多了！豆豆的瞳孔遇到光的时候会收缩成一条细线，到了暗一点儿的地方又会放大。

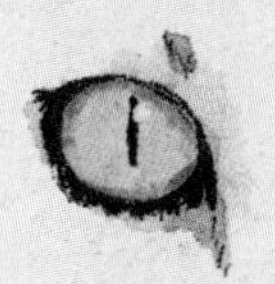
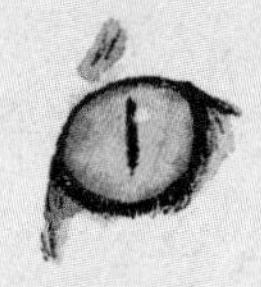

强光下

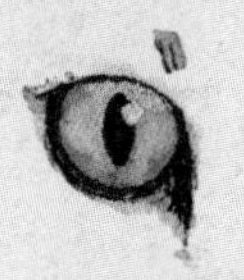

普通光下

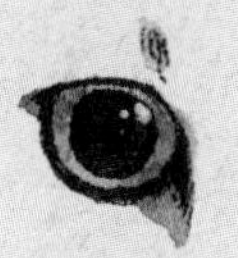

弱光下

只有在抓捕的时候，豆豆才会露出锋利的爪子。休息的时候，它的脚就是毛茸茸的圆球。这是属于猫咪的特殊技能，邻居家的小狗就不会哟！

爪子收回的状态

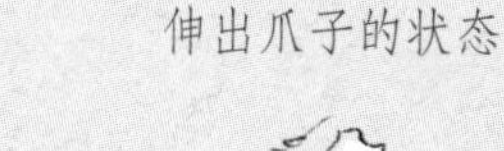

伸出爪子的状态

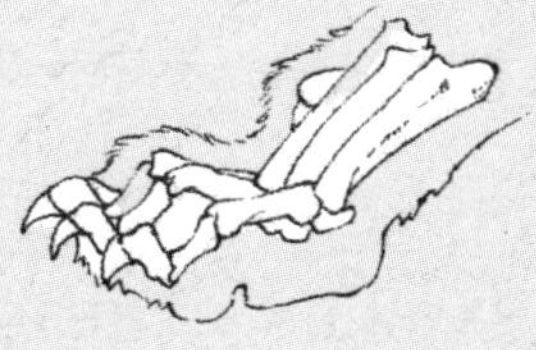

豆豆的耳朵里长着长毛，靠近耳根的地方还有一个“小口袋”。

人们还没有发现这个“小口袋”的作用，也许有一天你能解开它的秘密。

豆豆的鼻头看起来像个小蘑菇。但凑近观察之后，就能发现它上面分布着一个个小圆点。

猫咪的嗅觉非常灵敏。光靠闻气味，豆豆就能知道我在不在家。

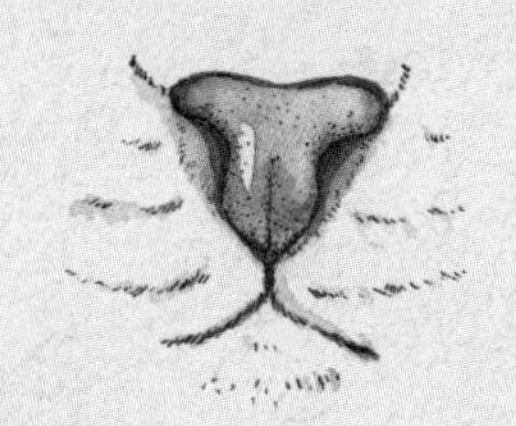

小贴士：

小动物们都很可爱，但不是每一种动物都适合被当作宠物饲养。宠物也不是一件商品，在决定饲养前，你要做好照顾它一辈子的准备哟！

冬天的七彩文鸟夫妻格外忙碌，原来鸟妈妈产下了一窝蛋，一共有 5 枚。鸟蛋内部每天都发生着巨大变化。

颜色更鲜艳的是鸟爸爸。

小小探索笔记——文鸟孵化日记

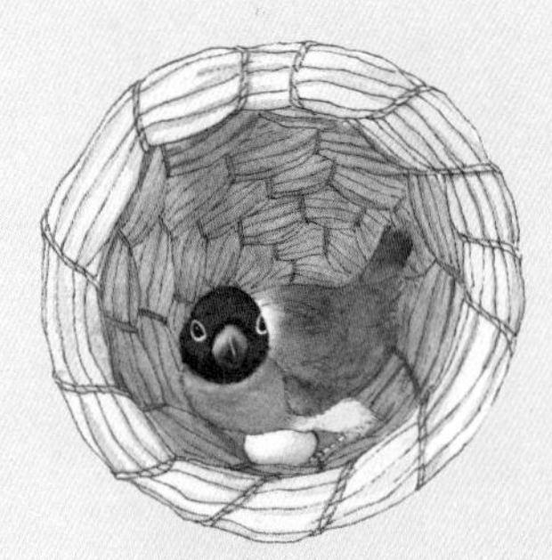

第 1 天：鸟妈妈产下了第 1 枚蛋，它大部分时间都趴在窝里。

第 2 天 ~ 第 5 天：鸟妈妈每天产 1 枚蛋，在鸟妈妈出来吃东西的时候，鸟爸爸就会趴进窝里孵蛋。

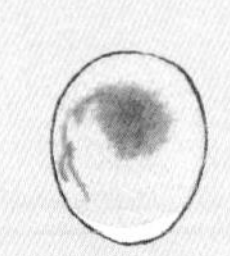

第 7 天：对着光观察蛋，能看到蛋中间有一个红色胚胎，周围连着红色的血丝。

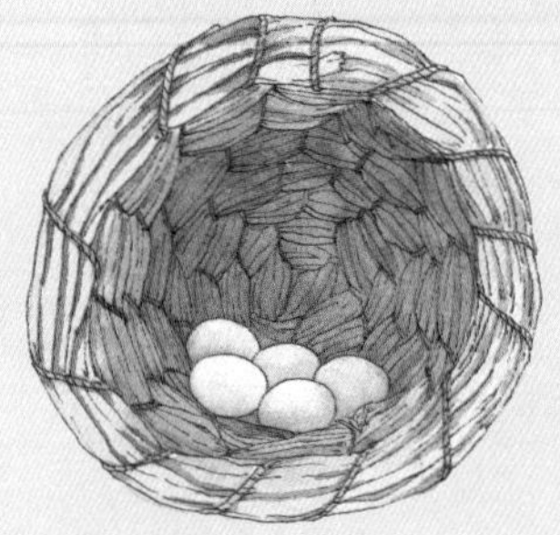

第 10 天：蛋里的血丝更多了，原先的红色小点儿也变大了！

第 14 天：蛋里的气室变大了，和蛋白的分界非常明显。蛋表面的颜色变深了，能看到有黑影在蛋壳里滑动。

摸一摸窝里的蛋，能感觉到温热呢！

第 15 天：在光的照射下，能观察到小鸟的头部和喙已经顶到了气室的边缘。

第 16 天：蛋壳裂开了一道大口子，鸟宝宝两头一起用力，蛋壳一下子裂成了两半。小鸟终于破壳了！

光溜溜的鸟宝宝诞生啦！这时候的鸟宝宝还没有睁开眼睛，只能发出微弱的叫声。不过只需要几周时间，它就会长齐羽毛，学会自己觅食了。

厨房里的大自然

餐桌上的主角

跟着自然藏宝图，我们来到了第一站——美味厨房。这里不光藏着食物和四季的秘密，还和生命最初的样子有关呢。

水稻：

嘀嘀嘀——电饭煲发出的声响提醒我要开饭啦。掀开盖子，一股带着饭香的热气扑面而来。这些可爱的颗粒是怎么从稻田来到我们餐桌上的呢？

稻谷　　糙米　　胚芽米　　精米

水稻成熟之后，剥出稻谷；脱去谷粒的外壳，就得到了糙米；而糙米再加工就得到了胚芽米；去掉胚芽，得到精米，也就是我们最常吃到的大米。

小常识

你知道吗？水稻有很多个品种，我们平时也能在超市里购买到不同的大米。它们有着不同的形状和色泽，吃起来的口感也很不一样呢。

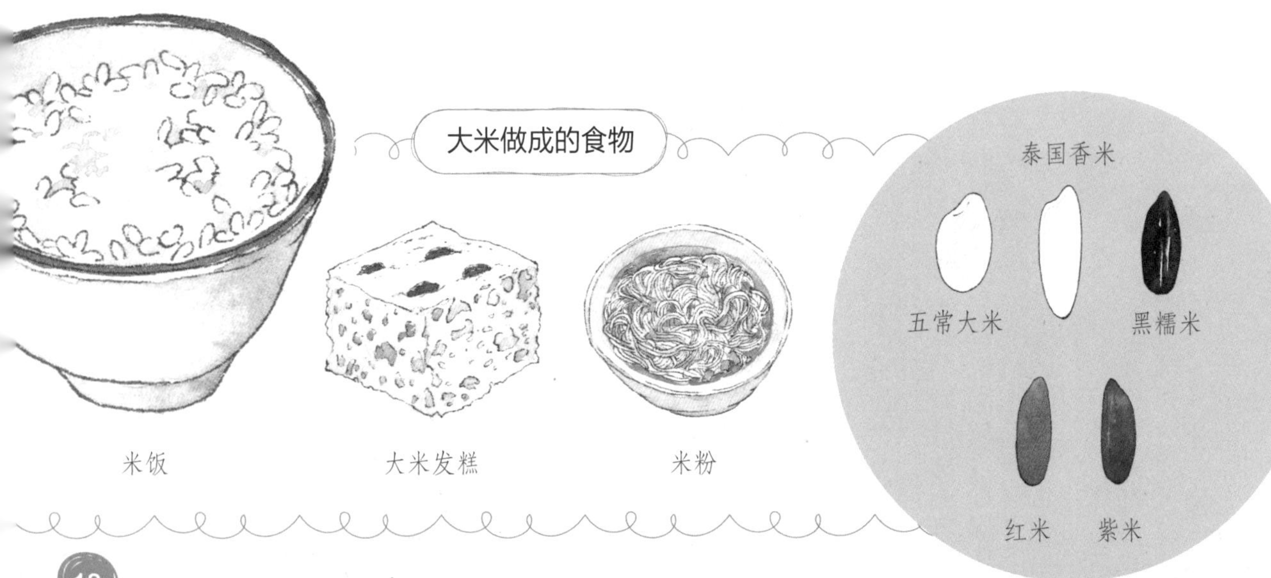

糯米：

糯米也叫江米，是糯稻的种子。糯米的口感是黏黏的。

糯米做成的食物

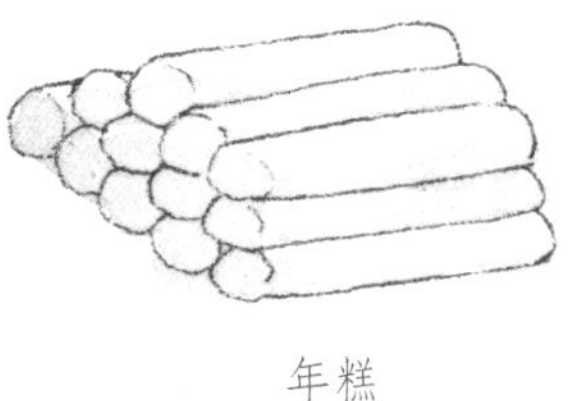

年糕

糍粑

小麦：

我们把小麦磨成的粉叫作面粉，面粉能做的食物就太多啦！它们和大米一样，是餐桌上的主角。

小麦做成的食物

面条

面包

饺子

包子

小常识

小麦分为春小麦和冬小麦。冬小麦在秋天播种，来年夏天收获。我们常吃的面条，就是用小麦的胚乳加工成的面粉制作的。

小小的包饺子指南

准备工具：和好的面团（面粉和水的比例大约是2：1）、清水、馅料（挑选喜欢的配料）。

制作方法：

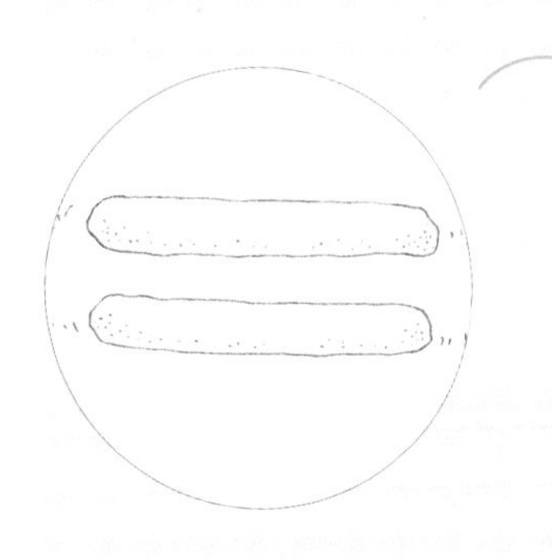

1. 把面团搓成长条。

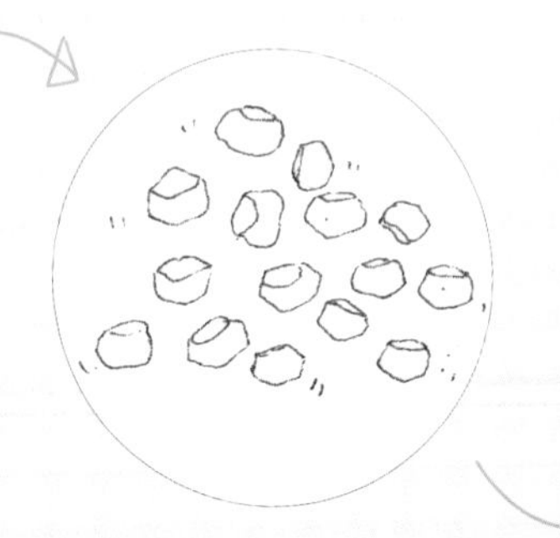

2. 把面团条切成若干小块。

3. 用擀面杖把一个个小块擀成圆片，饺子皮就做好了。注意饺子皮中间要厚一点儿，不然煮起来容易露馅儿。

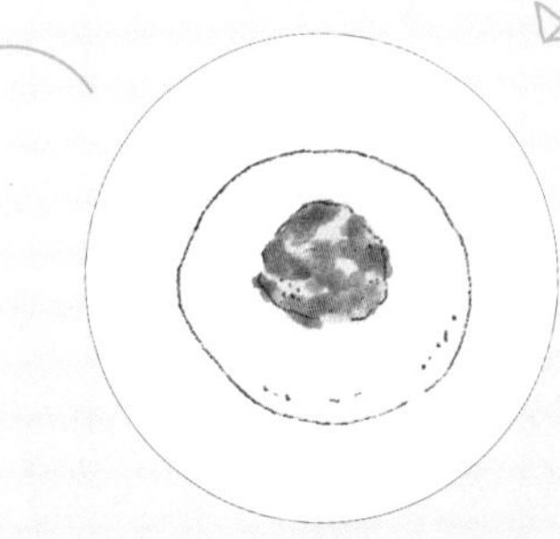

4. 用筷子夹一团馅料，填到饺子皮中间。不要太贪心哟，一次不能放太多！

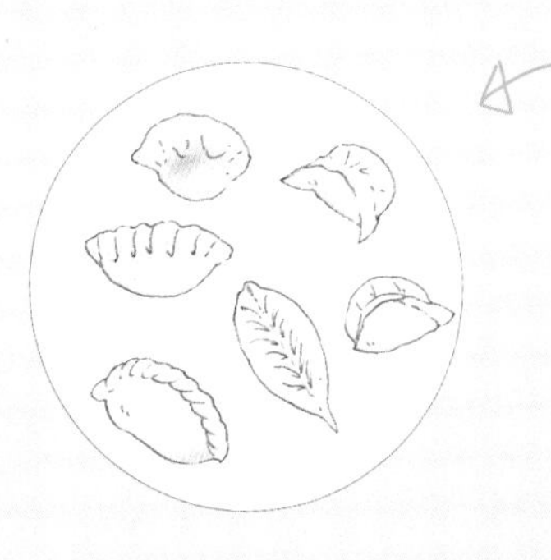

5. 把饺子皮对折，捏紧边缘（捏不紧的话，可以蘸点儿清水），饺子就包好了！这一步可以自由发挥，创造形状独特的饺子。

包饺子的时候，手上只要沾了水和面粉，就会变得黏糊糊的。咦？那我们不就可以用面粉来制作天然的“胶水”了吗！

小小探索笔记——糨糊DIY

准备工具：碗、搅拌棒、面粉、水、纸片。

制作方法：

1. 请爸爸妈妈烧热水备用。

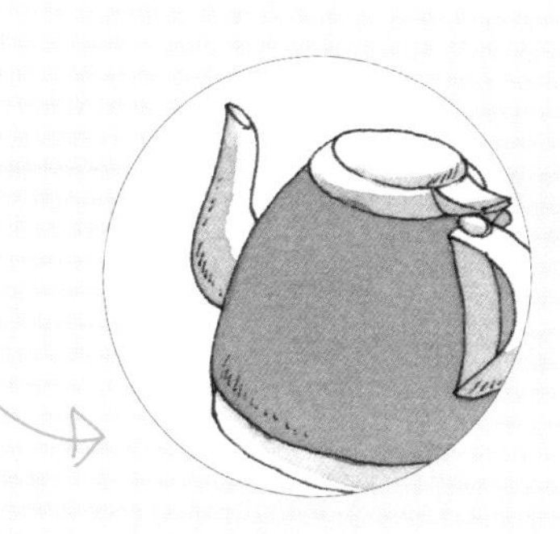

2. 在干净的碗里倒入面粉。碗一定要擦干，不然面粉会结成小硬块。

3. 缓慢将开水倒入面粉碗，用搅拌棒顺时针搅拌。

4. 搅拌到感觉面糊有一定黏稠度，搅拌有一些费力的时候，静置面糊。

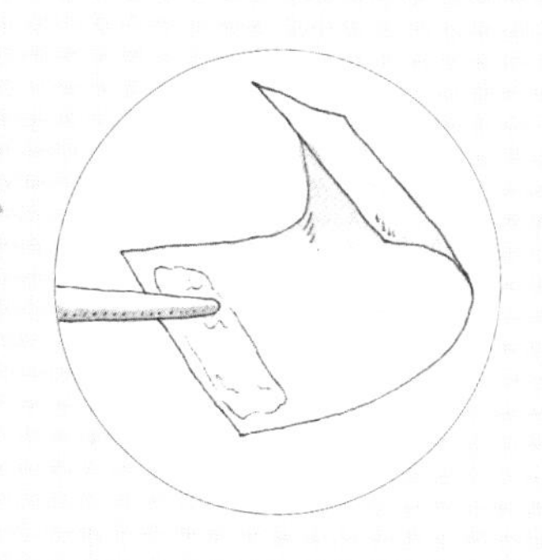

5. 取出纸片，把冷却的面糊涂抹在纸片上，试试黏合力。

6. 如果纸片成功黏合了，说明黏稠度合适，糨糊就完成了！如果纸片无法黏合，可以再倒入热水，多加一些面粉，继续搅拌尝试。

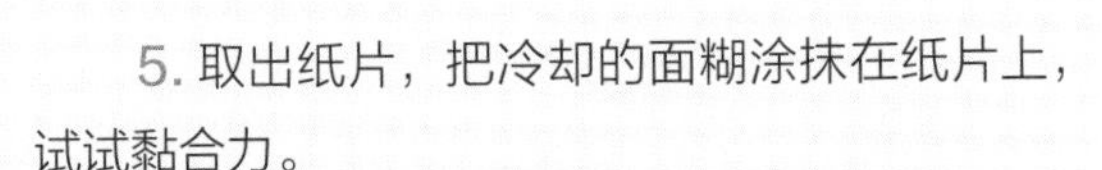

管饱的禾本科植物

水稻、小麦、玉米、大麦、高粱，我们最熟悉的这些主食都属于禾本科，可以说这是一个能填饱所有人肚子的大家族了。关于它们的这些问题，你能回答吗?

问题一：
谁来自遥远的美洲大陆?

答案：玉米。香甜的玉米最早出现在美洲大陆上。深受我们喜爱的它，其实直到明朝才通过航路传入中国。最常被食用的部分是它的种子，也就是玉米粒。

玉米是一种雌雄同株的植物，我们能同时在植株上找到玉米的雌花和雄花。长在顶端的雄花是圆锥状的，而雌花从叶秆的“胳肢窝”处生出，十分不起眼。

问题二：谁穿着大红外衣？

答案：高粱。高粱的外壳红彤彤的，不过去皮之后，它的样子就跟稻米差不多了。虽然我们不常直接食用它，但用它酿成的酒你一定听过。

通过观察它们的植株，你能描述出禾本科植物的一些特征吗？

首先，它们一般有直直的圆柱状秆，而且叶子细长。有两列叶子，叶子是左右交错生长的。另外，它们的花序是穗状的。

小贴士：举一反三

解答完这些问题，你已经具备了小小观察家的两项能力——描述和总结，根据这些特征，你还能想到其他的禾本科植物吗？

更多植物的故事请翻翻《大自然在路上》吧！

餐桌上的季节

香气扑鼻的可不只有主食这些“主角”，有时候我更加期待那些“配角”呢。它们传递着四季的讯息，赋予了每个季节特殊的味道。

冬季的主角一定是饺子，冬天吃一顿热腾腾的饺子，不仅肚子被填饱了，整个人都暖和了呢。那么其他三个季节有什么特殊的味道呢？

餐桌上的春天——香椿炒蛋

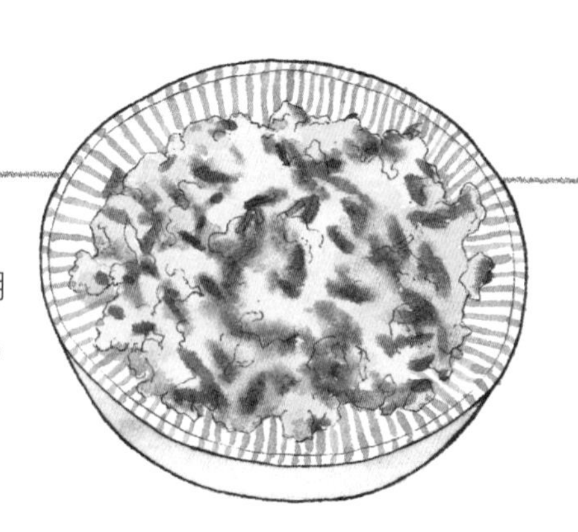

闭上眼睛尝一口，谁都能尝出香椿的独特味道。每年的清明前后我们就能吃到最新鲜的香椿。妈妈喜欢把它和鸡蛋炒在一起，端上桌的时候都会说：“春天的味道来了。”

香椿不仅有特殊的香气，它的花朵也十分美丽。每年的 6 ~ 8 月，洁白娇小的花苞就会挂满香椿树的枝头。

餐桌上的夏天——炒藕片

咔咔——每咬一口藕片，耳边都会传来清脆的响声。炒藕片是爸爸最爱吃的菜之一，他告诉我，藕片们唱的歌，是为了给我们消暑。

莲藕是荷花的茎，藏在水底的淤泥里。它的身体白白胖胖的，像火车一样一节节地排成一串。把莲藕切开，能看到一个个大小不一的孔洞，这些通气孔道能传输氧气，帮助荷花呼吸。

常见的莲藕有7个或9个通气孔道。

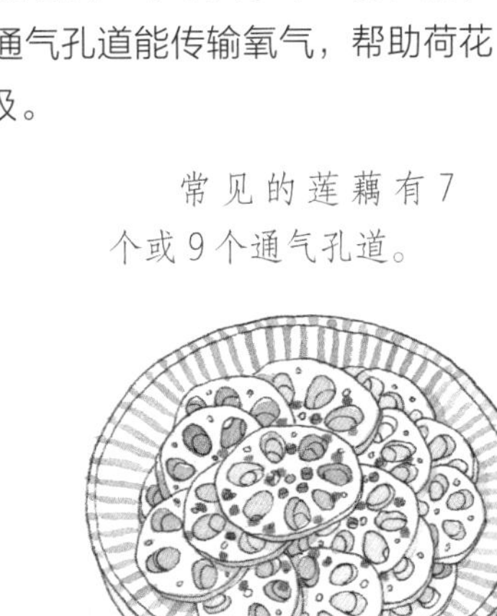

一大锅蒸好的粽子

咸蛋黄粽、白米粽、小枣粽、红豆粽……粽子的馅料种类太多了！每年端午节前后，我家的厨房就充满了糯米的香味。

糯米蒸熟之后会变得非常黏，找不到胶水的时候，我就会捏几颗煮熟的米粒代替。

白米粽

肉粽

红豆粽

小枣粽

咸蛋黄粽

餐桌上的秋天——桂花糕

一说到秋天的味道，深吸一口气，我仿佛都能闻到那股清香。桂花就是这股味道的源头，不只有黄灿灿的金桂，还有橘红色的丹桂。

每当桂花糕上桌，看着星星点点的桂花装饰在米糕上，我都有些舍不得下口呢。桂花在美食界占据着不低的地位，它可以做成桂花茶、桂花酒。我们还能在酒酿里加上桂花，让香味更绵长。

一篮月饼

豆沙月饼

有什么美食能和农历每月十五或十六的月亮一样圆呢？答案就是月饼。掰开月饼瞧瞧，它的“肚子”里填充着不同颜色和形状的馅料，这就是每一块月饼的秘密。

月饼也分很多种呢，比如苏式月饼，包括鲜花月饼、鲜肉月饼等；广式月饼，包括咸蛋黄月饼、豆沙月饼等；京式月饼，如自来白、自来红等。你喜欢吃哪种呢？

鲜肉月饼

鲜花月饼

京式月饼（自来红、自来白）

五仁月饼

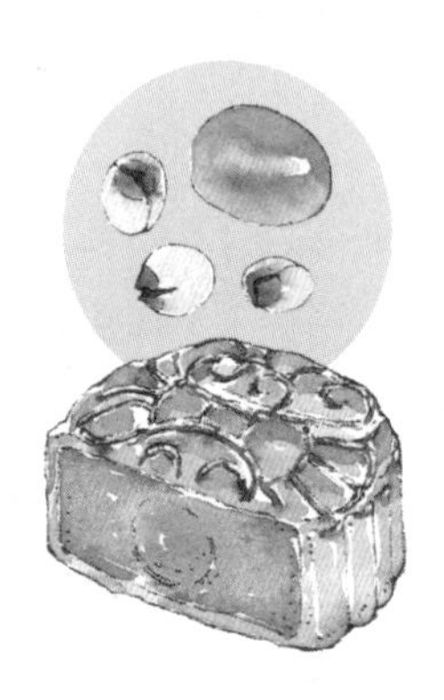

咸蛋黄莲蓉月饼

小小探索笔记——为粽子制作身份卡

我跟着奶奶学习了包粽子，每添加一种食材，我会念出它的名字，加深印象。来看看我为自己包的小粽子制作的身份卡吧！

姓名：粽好味
品种：咸蛋黄肉粽
性别：无
生日：2019年6月7日（端午节）
编号：11298
兴趣爱好：泡澡、游泳、晒太阳
愿望：听到每个人都说“好好吃啊！”

一颗土豆的逆袭

餐桌上少不了一些特殊的成员，比如莲藕、土豆、芋头和荸荠，这些都是我最爱的蔬菜。为什么说它们特殊呢？因为它们既不是植物的果实，也不是植物的根部，而都是植物的茎。

大多数植物的茎都是圆筒状的长条，可偏有些植物另辟蹊径，长出形态不同的茎。下面这些植物的茎，你应该也见过吧。

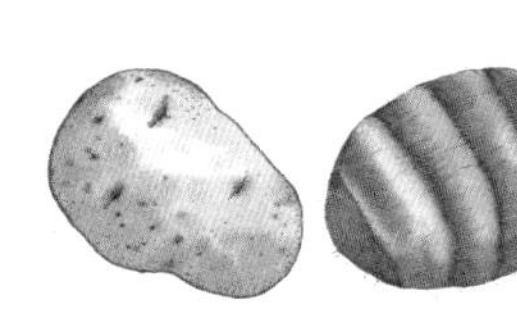

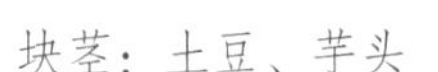

块茎：土豆、芋头

鳞茎：洋葱

球茎：慈姑、荸荠

根状茎：姜、莲藕

这些植物的茎都生长在地下，所以也叫地下茎。

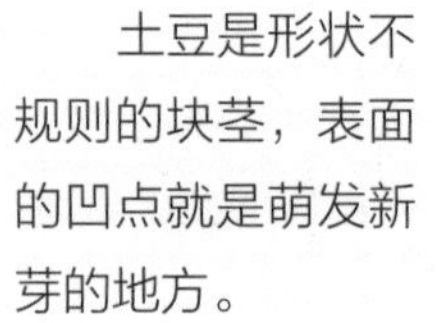

土豆是形状不规则的块茎，表面的凹点就是萌发新芽的地方。

芋头通常是卵形的，它们生长在地上的叶片通常比较宽大。

我们平时食用的大蒜也是鳞茎，它们一瓣一瓣地抱在一起，呈球状。

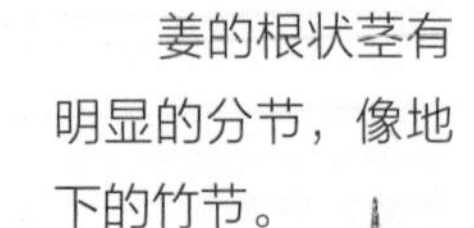

姜的根状茎有明显的分节，像地下的竹节。

小小探索笔记——土豆小盆栽

茎连接着植物的根和芽，为植物输送营养。茎上冒出的芽又会抽出枝条，开出花。观察土豆一个月中的变化，就能见证它的华丽蜕变啦！

准备工具：一个土豆、花盆、泥土、水。

观察记录

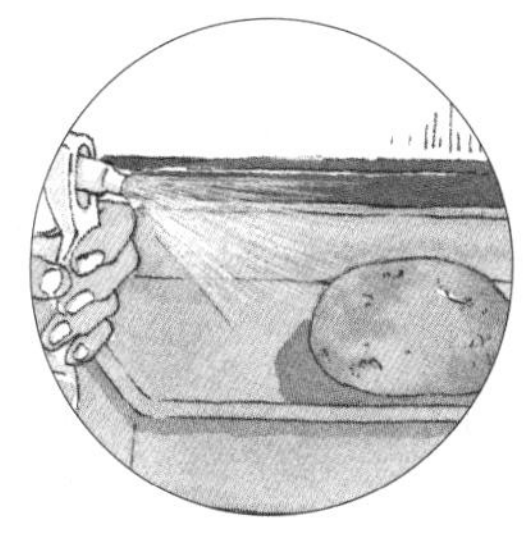

第一个阶段——选种（一到两周）

挑选个头儿小巧一些的土豆。带回家之后，找个阴凉的小角落放好，不定时地在它表面喷洒一些水。等它发芽吧！

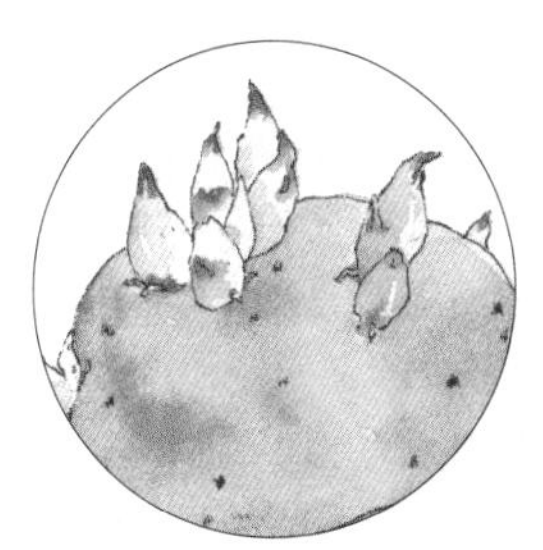

第二个阶段——育苗（一个月左右）

土豆的好几个地方都冒出了新芽。这时候准备一个较大的花盆，让土豆的地下根茎有足够的生长空间。把土豆放在泥土里，露出三分之一的脑袋就可以了。选择一个避开阳光直射的地方放置花盆，观察到泥土略干的时候浇水。

第三个阶段——收获（两个月左右）

你还能认出眼前这盆植物吗？土豆冒出的芽已经长成了枝干，生出了绿叶。

小贴士：

天气炎热的时候，不能在中午浇水。因为这时候的花盆内部温度已经很高了，浇水进去的话，植物的根系受到低温的刺激，很容易腐烂。

瓶子里的滋味

餐桌上的各种美食总能吸引我的目光，但妈妈要关心的远不止这些。厨房里还有一个被填得满满的储物架，这里摆放的瓶瓶罐罐正是使一日三餐变得美味的秘方。这些瓶子里居然也藏着大自然的秘密呢！

这么多调味料，要怎么区分啊？

糖
（冰糖、白砂糖、红糖）

盐
（碘盐、无碘盐）

食用油
（菜籽油、橄榄油、香油）

食用油

刺啦——每次在锅里倒进食材的时候，都能听到油腾起的响声，有时候我还会被吓一跳呢。无论是炒菜还是煲汤，都离不开食用油，那油是从哪里来的呢？

菜籽油：

这是妈妈最常用的一种油，是用油菜的籽榨取的。每年春天，金灿灿的油菜花田可是人们向往的旅行目的地呢。

橄榄油：

不同的植物榨出来的油，颜色也不同。用木樨榄的果实榨出来的橄榄油颜色是偏绿的。

芝麻油：

汤里只滴一滴芝麻油，香味都能充满整个厨房。饼干、面包、糕点上也能见到小小的芝麻粒，有它们在的地方，就会充满香气。

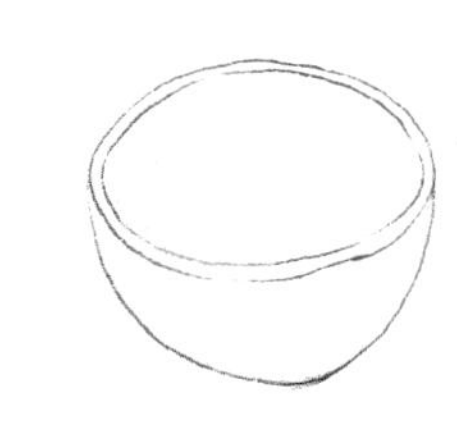

芝麻是胡麻的种子部分。

猪油：

爸爸似乎不太习惯芝麻油的味道，他常常往面汤里加一勺白白的东西。那是猪油，用猪的脂肪熬出来的，闻起来比植物油更香。不过猪油热量高，不能多吃哟。

小小探索笔记——漂浮的油滴

准备工具：食用油两勺、一杯清水、颜料、透明容器。

操作步骤

（过程中可以请爸爸妈妈协助，录下视频，慢动作回放。）

1. 在透明的容器里倒入清水，再将少量食用油倒入，观察油和水的混合情况。

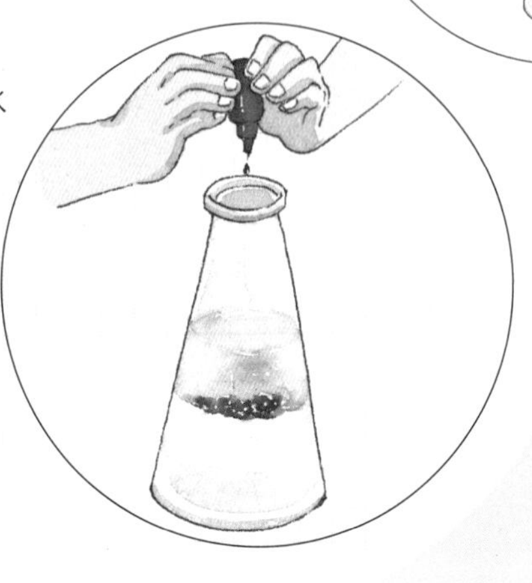

2. 在容器里滴入一点儿颜料。用颜料将水染色，便于观察。

3. 静置 10 分钟，再次观察容器里的情况。

观察发现

油遇到水之后不会散开，而是平铺在水面，像大树的树根一样往下舒展。等待一段时间之后，油都回到了最上层，漂浮在水面上。

原理

鸡汤上是不是总漂着一层金黄的油呢？这是因为油和水不相溶，油的密度又比水小，因此总是浮在水上。

糖

甘蔗植株

不管是颗粒细小的白砂糖，还是形状不规则的冰糖，或是黄褐色的红糖，它们甜到人心里的滋味都要依靠一种植物——甘蔗。甘蔗里的糖分非常丰富，人们就利用了这一点，把甘蔗汁提炼成糖。用不同方法加工出来的糖，不仅样子不同，甜度也有差别，品尝一下它们的滋味，你就能找出差别。

小小探索笔记——甜度排行榜

“这个饮料太甜了！”“我觉得还行啊。”这样的对话好像每天都在发生。每个人对食物甜度的感受不同，我请家人们进行了一次甜食“投票选举”。

候选人：白砂糖、冰糖、红糖、麦芽糖、牛奶糖、珍珠奶茶、可乐

我的选择：珍珠奶茶 > 可乐 > 麦芽糖 > 牛奶糖 > 红糖 > 白砂糖 > 冰糖

妈妈的选择：________________

爸爸的选择：________________

前三名“选手”：________________

实际甜度前三名参考：冰糖 > 红糖 > 白砂糖

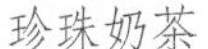

可乐

红糖

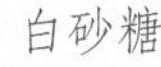

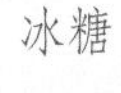

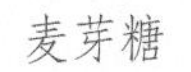

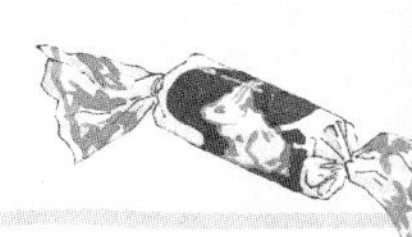

妈妈说她挑选食盐的时候，会看它含不含碘这种元素。

碘是一种微量元素，我们人体一旦缺乏这种元素，机体功能就会出现问题，尤其是可能引发甲状腺相关的疾病。许多天然的食物当中就含有碘，比如海带、紫菜、虾、蟹等。

经常吃这类海产品的人呢，不用担心碘元素的缺乏，自然也就不需要特意购买加碘的食盐了。要知道，碘摄入得太多，也会给身体带来负面影响。

淡水养殖的大闸蟹所含的碘比海蟹少很多。

海带、紫菜

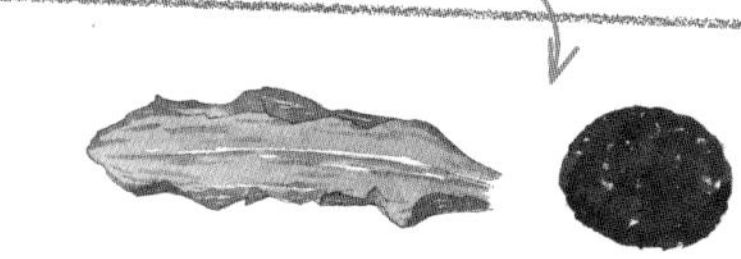

小小探索笔记——浮在盐水上

当我们把一枚熟鸡蛋放进水里的时候，它扑通一下就沉到了水底。小小要用食盐，让杯底的鸡蛋重新浮起来。

准备工具：熟鸡蛋、玻璃杯（或塑料空瓶）、清水、食盐、勺子。

操作步骤

1. 在杯子里放入煮熟的鸡蛋，再倒入清水。

2. 静置一段时间，观察此时鸡蛋的位置。

3. 加入一勺食盐并搅拌，观察鸡蛋位置的变化。

4. 再加入一勺食盐并搅拌，再次观察鸡蛋位置的变化。（如鸡蛋位置没有发生明显改变，可以加入更多的食盐，并搅拌充分。）

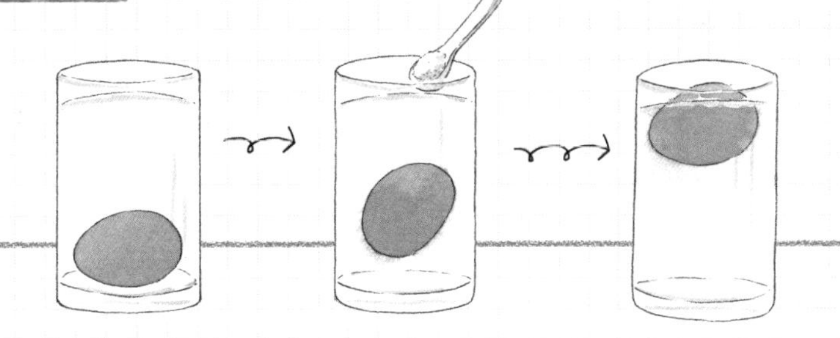

观察记录

开始的时候鸡蛋一下子就沉到了杯底，等待一段时间之后，也没有浮起来。加入少量食盐后，鸡蛋的位置有略微变化。加入更多食盐搅拌后，鸡蛋漂浮到了水面上。

原理

在水中放入食盐之后，液体的密度增加，浮力也跟着增加。增加的浮力托起了原本沉底的鸡蛋。

小常识：在死海上看书

你见过有人躺在一片“海”中看书吗？你一定想到了死海。死海并不是海洋，而是一片咸水湖。湖水里的盐分含量非常高，足以托起我们的身体。在这样的水域里，除了一些微生物，其他生命都无法长久生存下去，因此它有了这个听起来有些可怕的名字。

酱油

大豆植株开的花。

拿起一瓶酱油看看，瓶子的背面印着它的配料：水、脱脂大豆、食用盐、小麦……

制作酱油的主要原料是大豆，它会以各种造型出现在我们生活中。罐子里的腐乳、盒子里白白的豆腐、可甜可咸的豆浆，这些都是由大豆“变身”而来的。一盘炒豆芽、酒糟毛豆、黄豆猪脚汤，不同成长阶段的大豆也都和你打了照面。

豆芽是大豆发的芽。

毛豆是大豆果实呈现绿色时的称呼，豆荚里的种子晒干，就成了黄豆。

酱油分为生抽和老抽。你知道它们的区别在哪儿吗？尝尝看吧。

生抽：

颜色稍微浅一些，口感比较淡。做凉拌菜和炒素菜时，用生抽比较合适。

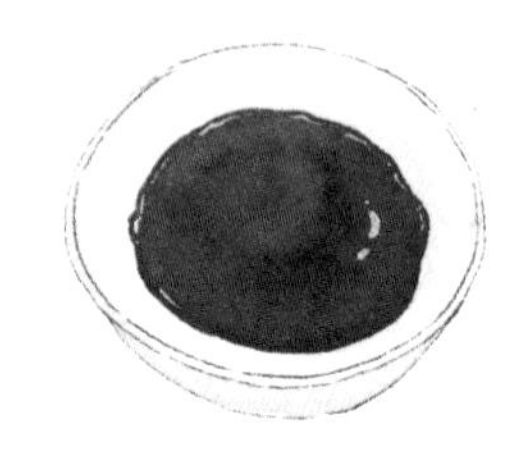

老抽：

颜色深，质地更黏稠，口感咸中带甜。炒菜的时候倒点儿老抽，既可以增添鲜香，又可以为菜肴增色，让我们胃口大开。红烧肉的美味秘诀之一就在这里啦！

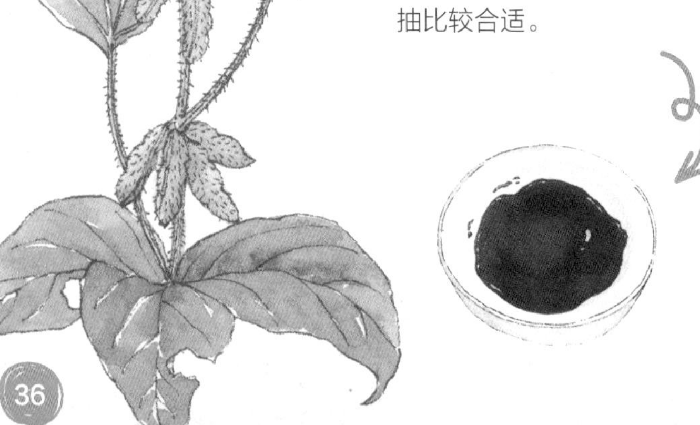

醋

呀！这酱油好酸啊！原来是醋啊，它们的颜色太像了。

醋和酒是亲戚？没错，醋这种万能的调味品其实是古人在酿酒的时候偶然发现的哟！

小常识

醋的保质期——仔细看看家里陈醋的瓶身，你是不是没找到保质期呢？陈醋的酸度非常高，在这样的环境里，细菌都无法存活，醋也就不会变质。但也要注意密封，同时存放在阴凉的地方哟。

白醋的妙用——身上的衣服沾到了油渍，在厨房里就能让它焕然一新哟。试试在油渍上涂抹一点儿白醋，再用清水冲洗。油渍是不是不见了呢？

醋和酱油看起来似乎一模一样，可它们的味道有着巨大反差。醋的滋味也许不是每个人都喜欢，但许多食物都要有它的加入才能称得上美味。

醋熘白菜

糖醋排骨

糖醋鱼

黄酒

调料里怎么还有一瓶酒呢？

黄酒的酒精度数比较低，还含有许多营养物质，适合用作调味品。人们也常用啤酒、白酒甚至葡萄酒来为美食增香。

酒能去除腥味，烹调鱼虾的时候加上一点儿，你就只会尝到满嘴鲜香了。

特殊的气味

重新认识了一遍调味料的我，又低头观察着料理台上洗净切好的配菜。差点儿忘了！这儿还有一群气味独特的小伙伴没有介绍呢。

清蒸鱼用的是小葱。

小葱

大葱

小葱：

和气味浓郁的大葱不同，小葱小巧玲珑，味道也比较清淡。小葱长大了就是大葱吗？千万别误会，小葱和大葱是两个不同的栽培变种。烹饪的时候，我们用得最多的是大葱的葱白和小葱绿油油的叶子部分。

生姜：

生姜看起来像缩小版的土豆，可把它拿起来稍稍靠近鼻子，就能闻到它的独特气味了。生姜的辛辣可以去除河鲜身上的腥味。

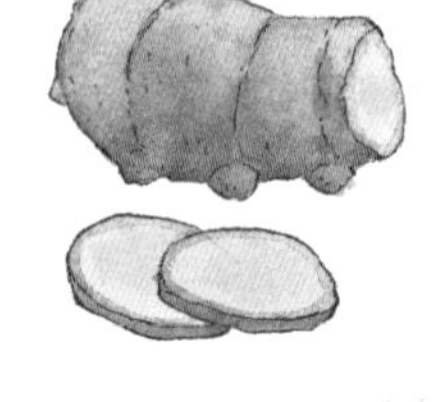

小贴士：

老姜是变老了的生姜吗？可以这么说！新鲜的生姜一般在8月收获。而让它们继续生长两个月，到了采摘时，生姜的茎已经十分成熟，就成了老姜。俗话说“姜还是老的辣”，尝一尝，还真是这样！

百合　　大蒜

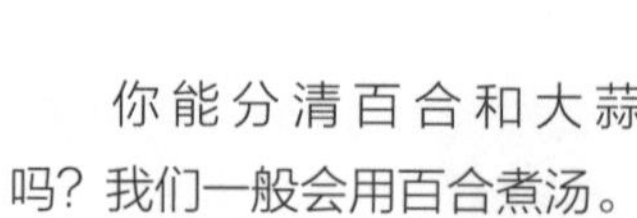

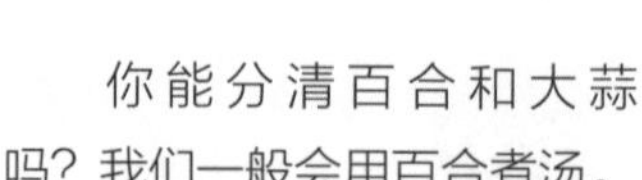

你能分清百合和大蒜吗？我们一般会用百合煮汤。

大蒜：

大蒜和百合都是百合亚纲的植物，我们吃的部分都是这些植物的茎。大蒜的味道可比百合的味道浓烈多了，和其他菜一起煸炒的时候，大蒜辛辣的味道就能赶走泥土味。

韭菜：

每次吃完韭菜，第二天张开嘴都还能闻到它的味道。它和葱、大蒜、百合一样，都属于百合亚纲。

洋葱

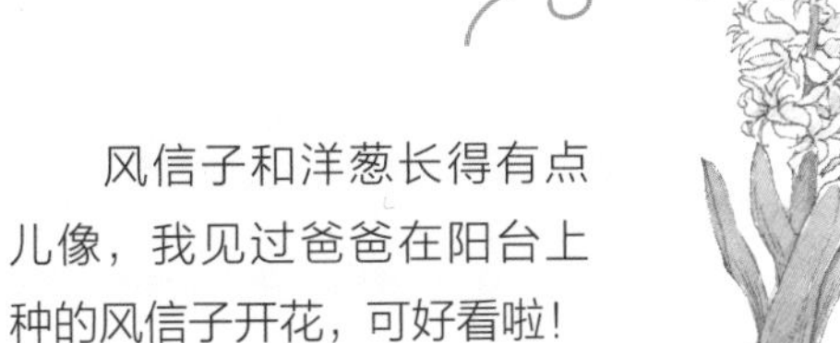

风信子和洋葱长得有点儿像，我见过爸爸在阳台上种的风信子开花，可好看啦！

风信子又叫洋水仙，开花的时候香味非常浓郁。

风信子

洋葱：

洋葱的气味不仅刺鼻，有时甚至会把眼睛刺激得流泪呢，不过炒熟的洋葱吃起来却是甜甜的。鼻塞的时候试试闻一闻洋葱吧！对了，摸完洋葱后千万别忘记洗手哟。

小常识

伞形科的植物开出的花都有着伞状的花序，所以开放的时候看起来饱满美丽。许多常用的中药材也来自伞形科植物：北柴胡、白芷、防风。

香菜：

香菜能让一些人望而却步，又让一些人欲罢不能，这都是因为它身上的复合气味。它有着薄荷的清香，也有葱姜的辛香，还有点儿说不上来的“怪味儿”。香菜所属的伞形科植物里，有不少气味独特的蔬菜，比如芹菜、胡萝卜、茴香。

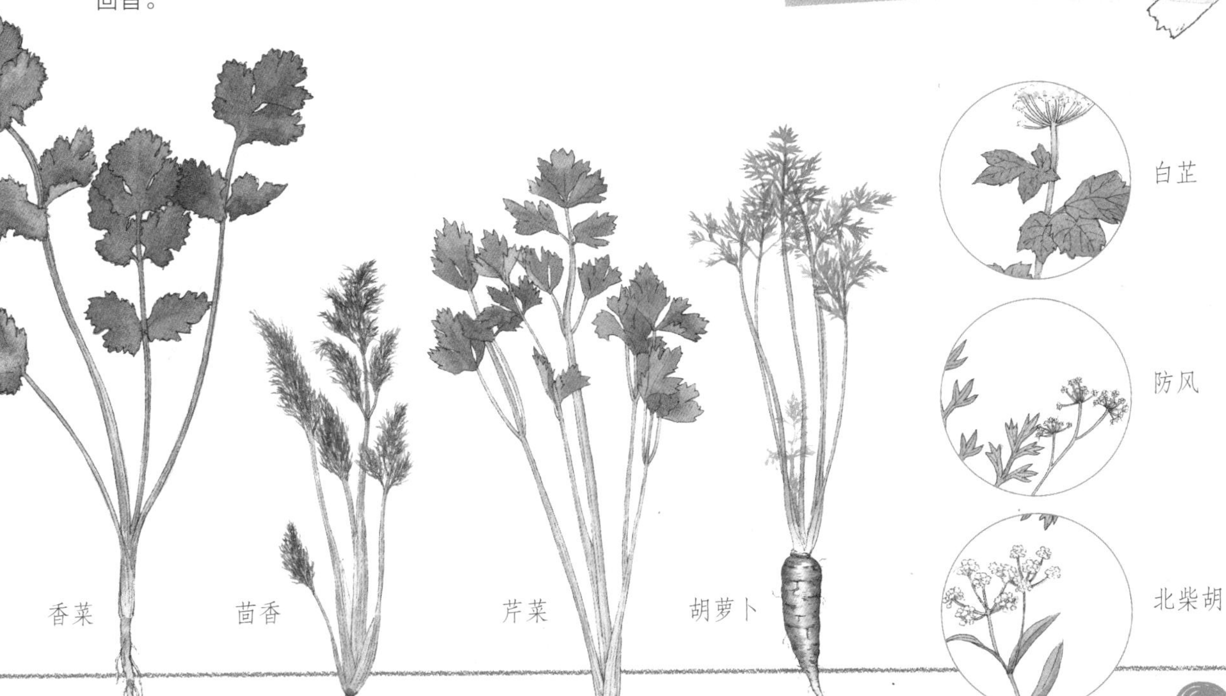

各种香料：

作为植物的一部分，经过干燥后的它们十分好储存，这些天然香料为菜肴增添了更多口感。

小小探索笔记——自然味觉谱

酸：

柠檬、橘子、青苹果

柠檬　　橘子　　青苹果

甜：

西瓜、哈密瓜、甜玉米、熟透的苹果、香蕉

西瓜　　哈密瓜　　甜玉米　　熟透的苹果　　香蕉

我们为什么能感受到不同的味道呢？

对着镜子张开嘴巴，伸出我们的舌头看看吧。我们的舌苔并不是光滑的，而是有一个个小的突起，它们分布在不同的位置。这些小突起都是味觉的感受器，它们叫作味蕾。

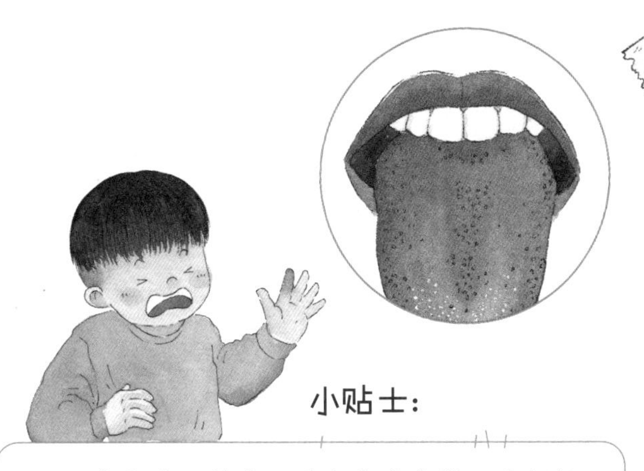

小常识：咖喱不是一种香料

咖喱起源于印度，它原本的意思是“多种香料放在一起煮”。所以咖喱并不是指某一种香料，而是由多种香料组合出的调料。

小贴士：

实际上，辣是一种疼痛的感觉。我们触摸苹果的时候，感觉不到苹果是酸的还是甜的，但当手指蘸到了辣椒水，皮肤都会发麻，这就是辣的特别之处了！

咖喱

苦：

苦瓜、莜麦菜、苦菊

苦菊　　莜麦菜　　苦瓜

辣：

辣椒、洋葱、大蒜

辣椒

洋葱

大蒜

鸡蛋的秘密

正在料理台前忙碌的妈妈，有时会让我帮忙拿一些食材。打开冰箱门，一阵凉意扑面而来，我观察着这个安静的小空间：冰箱里的蛋托上排满了蛋，有透着粉色的鸡蛋、青色的鸭蛋，还有长着不规则斑点的鹌鹑蛋。对了，这些蛋里可有大学问！

小常识

每颗鸡蛋都是一头大一头小。当鸡蛋从鸡妈妈体内产出时，总是大头朝外。

鸡蛋的降生

鸟类的宝宝都是从蛋里努力破壳，来到这个世界的，这种出生的方式叫卵生。每一颗蛋在降生前都在鸟妈妈的体内经历了一段神奇的旅程。

1. 母鸡的输卵管就像一条滑梯，蛋黄顺着轨道一路旋转下落。蛋黄一边滚落，一边在“滑梯”里被包裹上一层层透明的蛋白，这个过程大约要持续 3 小时。

2. 接着，“滑梯”会给蛋白添加两层壳膜，这个过程大约需要 1.5 小时。

3. 经过“装饰”，鸡蛋已经有了初步的模样，这时候它会落入妈妈的子宫，转动着停留大约一天的时间。在这里，妈妈会为鸡蛋注入水分和盐类，让原本浓稠的蛋白变稀，还会为蛋壳补充钙质，让宝宝被坚硬的蛋壳保护起来。如果鸡妈妈吃的饲料中缺少钙质，就会产下软壳蛋甚至无法顺利产蛋。

4. 最后，完整的鸡蛋噗的一下坠地，只需要几秒。

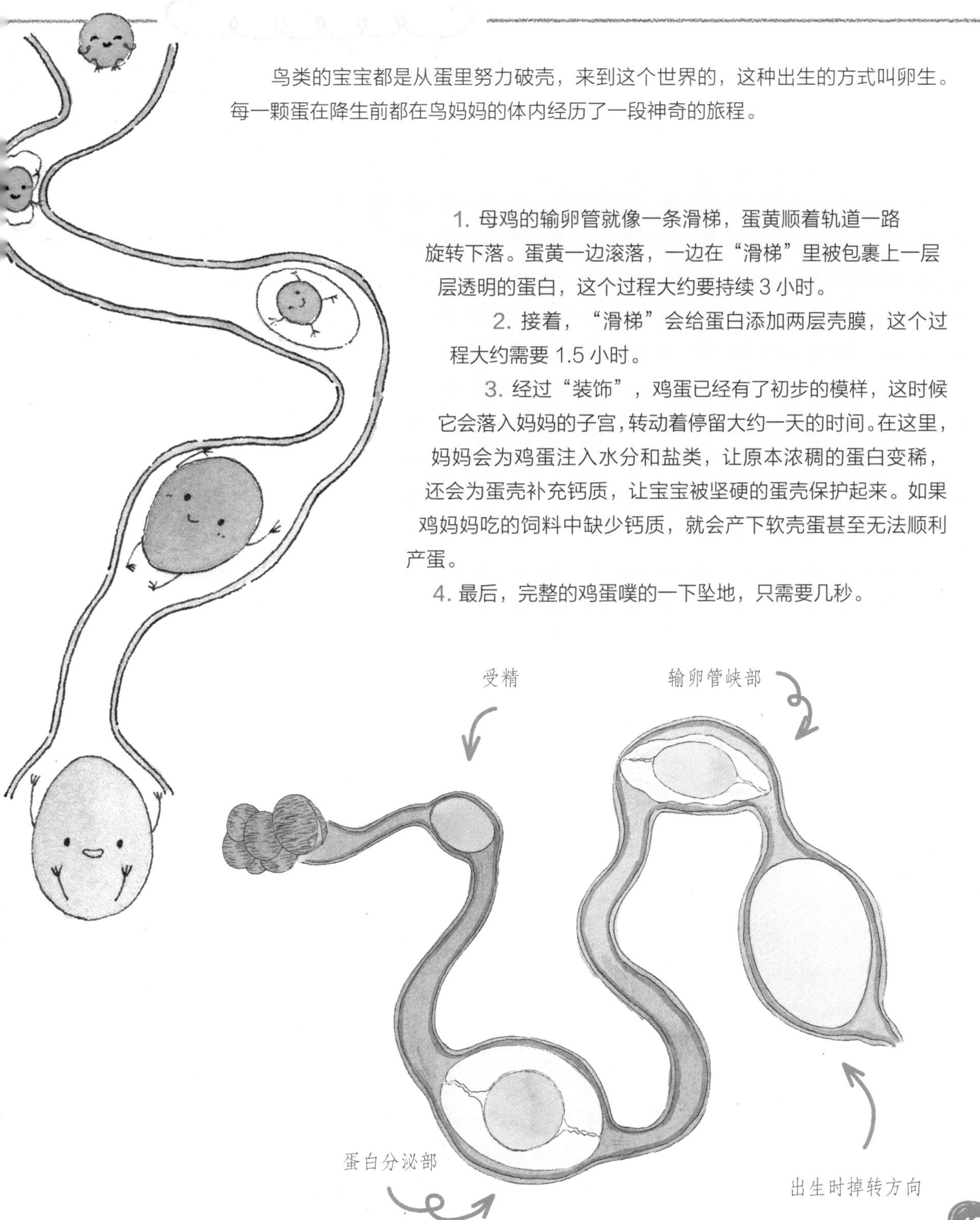

小小探索笔记——熟鸡蛋 vs 生鸡蛋

妈妈把两枚鸡蛋放在桌上，让我在不敲破它们的前提下，说出哪一枚是熟鸡蛋。这可难不倒我，下面是我设计的小实验。

准备工具：生鸡蛋、熟鸡蛋各1枚，平滑的桌面。

实验过程：

左手和右手分别快速转动一枚鸡蛋，其中一枚鸡蛋“摇头晃脑”转动几下就会停住，而另一枚鸡蛋则会转动很久。

实验结果：

很快就停下的鸡蛋是生鸡蛋，而能转动更久的是熟鸡蛋。

结果分析：

熟鸡蛋蛋白和蛋黄已经凝固，在转动时，蛋白、蛋黄和蛋壳一起旋转，所以熟鸡蛋转得快且久。而生鸡蛋内部流动的蛋黄和蛋白会形成阻力，让生鸡蛋转动得更慢，且停得更快。

小鸡也要呼吸

剥出完整的鸡蛋，你就能看到鸡蛋的气室。小鸡在啄破蛋壳之前，已经需要用肺呼吸了，这时候气室就为它提供了氧气。

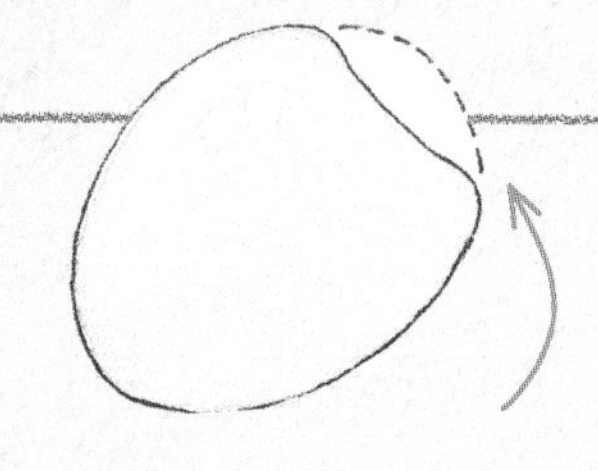

虚线补充出来的部分是这颗鸡蛋的气室形状。

剥下来的蛋壳内壁上还粘连着一层半透明的软膜，它是保护蛋白和蛋黄的内壳膜。

我能孵出小鸡吗？

看着眼前的鸡蛋，我突然想到，如果我也学母鸡的样子来孵新鲜的鸡蛋，会不会孵出一只小鸡呢？

要解答这个疑惑，就要想清楚下面的两个小问题。

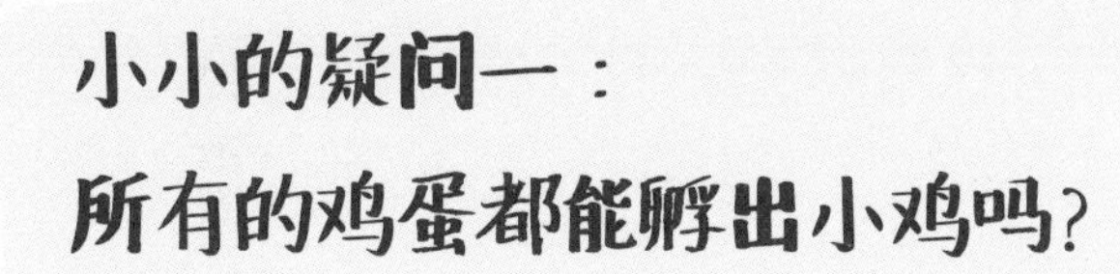

小小的疑问一：所有的鸡蛋都能孵出小鸡吗？

答案:

不是。

不论是鸡还是其他鸟类，下的蛋都分为两种：一种是未受精卵，而另一种是受精卵。

人工养殖的母鸡在成熟之后，每天或几天就能产下一枚蛋。这个过程里，公鸡完全不用现身，这样的蛋发育不出胚胎，不管怎么孵，都不会有小鸡破壳而出。这种蛋就是未受精卵。

而在自然状态下，有了公鸡的参与，鸡蛋里就能孕育出小生命。

胚胎中间有一个小红点，是最容易被观察到的，这其实就是小鸡跳动的心脏。

小小的疑问二：
我能孵化鸡蛋吗？

答案：

如果我们只是把鸡蛋抱在怀里，是孵不出小鸡的。孵化蛋的过程可比我们想的复杂多了。不同的鸟蛋要经过不同的天数才能孵化，这个过程里，亲鸟们（小鸟的父母）可不是一屁股坐在窝里等着就行。

首先，孵蛋的过程必须恒温，一般都要保持在37℃以上。而且环境太湿或者太干，都会让蛋失去活力。孵化一颗蛋真是不容易。

不同鸟类的孵化周期表：

动物名称	鸡	鸭	鹅	虎皮鹦鹉	八哥	灰文鸟	麻雀
它们的蛋							
孵化周期	21天	28天	30天	18天	16天	18天	15天

小常识：勤劳的母鸡

人工养殖的家鸭基本失去了孵蛋的本领，不过母鸡并不挑剔窝里的蛋是自己的，还是某只鸭子的，它们会帮家鸭们孵化鸭蛋哟。

阳台上的大自然

爸爸的四时花圃

光是走进厨房，就能发现那么多大自然神奇的地方呀！继续我们的旅程吧，去往爸爸最常出没的阳台，你会了解植物世界更多的秘密。在爸爸的悉心照料下，家里的阳台一年四季都有着不同的样子。

小小探索笔记——认识一朵花

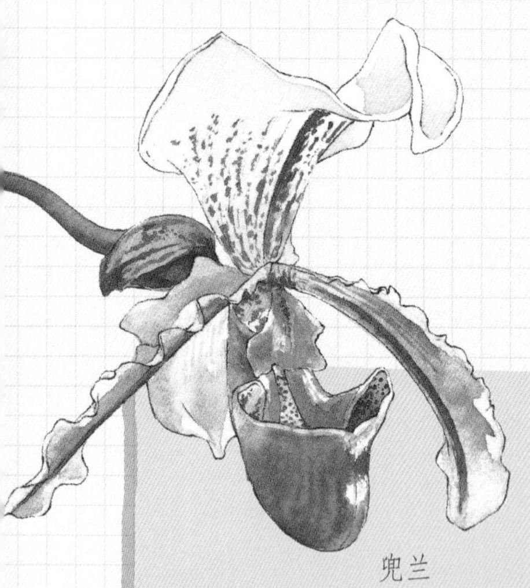

兜兰

花卉的形态、气味、开放时节各不相同，但它们的基本结构是类似的。先了解它们相同的地方，才能享受找不同的乐趣呀。

铃兰

花冠：观赏一朵花的时候，最先注意到的就是花瓣了。这些花瓣有的只围成一圈，有的排了好几轮，它们共同组成了花冠。不同的花拥有不同形状的花冠，也有的花没有花冠。

蝶形花冠

钟状花冠

蝴蝶兰

舌状花冠

菊花

小常识：漫天杨絮哪里来？

杨树的雌蕊和雄蕊分别长在不同植株上。杨树的花会在雌株上完成授粉，随后雌株会结果，果子成熟开裂后，棉絮状的种子就会开始飘散。所以，只有雌株的杨树才会产生杨絮。

花瓣

雄蕊：花药、花丝

雌蕊：子房、花柱、柱头

花柄

萼片

花蕊：当花朵完全绽开，中间就露出了丝状的花蕊。一般位于中央的是雌蕊，尖端是它授粉的地方。在雌蕊周围分布的，顶端带花粉的是雄蕊。

坛状花冠

柿子花

轮状花冠

番茄的花

花柄和花托：如果把花朵想象成小脑袋，花托和花柄就是手臂。花柄连接着花和茎，能把营养从茎传输到花。花柄的顶部就是花托。不同植物的花柄和花托也长得各具特点。

玫瑰花萼

垂丝海棠的花柄比较长且细。

将草莓的果实切开，能看到中间白色的膨大部分，那是它的花托。

花圃的四季

爸爸根据植物们的花期和本领布置了阳台。春天的花卉好看又好闻，夏天的植物们身怀绝技，秋天有各种果实，即使到了寒冷的冬季，依然有清香传来。

春季——争奇斗艳的花儿

郁金香：

郁金香总是出现在荷兰风车的背景里，其实这种花原产于土耳其。花冠和花萼合称为花被。郁金香的花冠和花萼长得几乎一样，在观察这种类型的花卉时，我们只需要记录花被总数就可以了。

杜鹃花：

杜鹃花有非常多的品种，最常见的是玫红色的。如果家里饲养宠物的话，千万不能让宠物接触它哟。误食杜鹃花瓣会导致小动物的肠胃出现问题，甚至死亡。这也是杜鹃花保卫自己的一种方式。

蝴蝶兰：

蝴蝶兰的花冠还没有开放的时候，花苞看起来像一个个小铃铛。当花苞完全展开，最外围的“蝴蝶翅膀”是它的花萼。

马蹄莲：

马蹄莲的形态非常特别，乍看之下就像只长了一片花瓣。其实这朵“花瓣”是特殊的叶片，而真正的花瓣排列在中间的花轴上，形成了穗子状的花序。

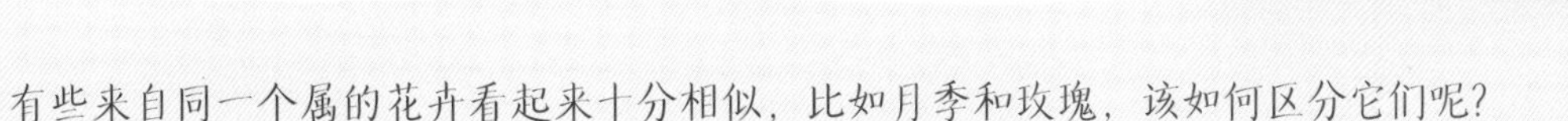

小小探索笔记——区分花卉之月季和玫瑰

有些来自同一个属的花卉看起来十分相似，比如月季和玫瑰，该如何区分它们呢？

花：玫瑰的花瓣呈纸质，颜色大多为紫红色。月季品种繁多，花色更为丰富。

叶片：大致的轮廓都是椭圆形，边缘有锯齿。玫瑰叶子表面的褶皱感更强，而月季叶子摸起来比较平整光滑。

玫瑰

茎：两种花的茎上都长着小刺，不过玫瑰花的小刺更多，月季的小刺分布得比较松散。

月季

花期：玫瑰一年只开一季，而月季大多可以多季开花。

夏季——解决烦恼的植物

夏天是许多昆虫最活跃的季节，但人们却会因为蚊虫的频频到访烦恼。这时候，在室内放一些盆栽也许能帮到我们。

香气袭“虫”型：迷迭香、薰衣草、七里香

就像香菜的气味能吸引很多食客，也能吓退很多人一样，某些我们闻起来香气馥郁的植物，在其他动物闻起来就不是那么回事了。迷迭香、薰衣草、七里香等芳香的植物，很适合养在室内，能驱赶许多“不速之客”。

虫子“杀手”型：捕蝇草、猪笼草

这类植物也叫食虫植物，它们能分泌特殊的消化酶，把虫子分解。为了吸引虫类靠近，它们会散发出“美食”的气味或者分泌甜甜的汁液，而一旦虫子掉入了瓶子状的陷阱，就会被其中的消化液慢慢分解，回天乏术。这类植物的“大肚子”其实是它们叶片的一种。

夏季——带来清凉的植物

蒲葵

蒲扇在还是植物的时候原来长这样子的啊。看长相就能猜出它的“出生地”在南方。由蒲葵的叶子和柄制成的蒲扇，摇起来很轻巧。

薄荷

薄荷清凉的口感最适合夏天了，薄荷糕、薄荷糖都是我们常吃的。在燥热的夏天喝一口薄荷茶，能感觉到薄荷的清凉味道，解去暑热。

竹子

竹子也是一种清凉植物，用不同长短、粗细的成熟竹子制作成一把竹椅，坐着凉快、通风。

秋季——小丰收

尽管城市里没有稻田，但阳台上的果蔬也能给我们带来收获的幸福感。

小小探索笔记——成熟的颜色

植物的果实在成熟的过程中变换着色彩，向我们展示着它们成长的不同阶段。

圣女果（小番茄）和朝天椒：

刚冒出的嫩果表皮是绿色的，慢慢泛白，接着又变成鲜红的颜色。

小小的疑问：
果实的颜色是怎么变化的?

答案：

在果实幼嫩的时期，果皮中的叶绿体发挥着作用，让整颗果实看起来绿油油的。这种色彩是在告诉我们：才刚刚结果，离成熟还早呢。果实继续长大，植物中一种不含色素的白色体开始作用，让果子褪去绿色的外衣。接着，叶绿素下沉，有色体或花青素主导起果皮的色泽，使果实呈现出各种鲜亮的颜色。有的果实成熟后不仅会用色彩吸引我们，还会散发出芬芳的气味呢。

冬季——为有暗香来

冬季的屋外偶尔飘起雪花，而屋子里呢，雪白的水仙花静悄悄地开放了。

水仙有着蒜形的鳞茎、扁平的绿色叶子和可爱的小白花。水仙花开放后芳香四溢。在客厅里放上一盆的话，一进门就能闻到扑鼻清香。

单瓣水仙花有白色花被6片，碗状黄色副冠1轮。

小常识

寒冷的冬季还有什么花在绽放呢？我们最熟悉的就是“岁寒三友”之一的梅花了。此外，你还能欣赏到耐寒的蜡梅，以及花色丰富的山茶花。

小小探索笔记——花瓣的新旅程

有时候，妈妈会买来一束束的鲜花，装饰客厅。可是鲜花能保存的时间很短，不如把掉落的花瓣制成不同的小物件来延长它的生命旅途吧。

准备工具：旧报纸若干、书本一册、鲜花瓣若干、纸、笔等。

操作步骤：

1. 收集掉落的花瓣，选择比较完整的。

2. 把花瓣平铺在报纸上，放在避光的地方风干。注意风干的地方不能太潮湿。

3. 风干一天后，选一本厚一点儿的书或本子，把花瓣平整地夹进一页里。在夹进书页之前，也可以垫上报纸。

4. 放置一周后，取出干花瓣备用。

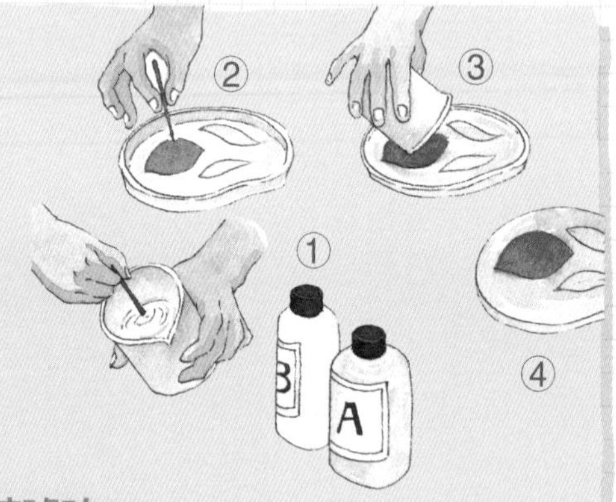

作品一：干花书签

剪裁一张硬卡纸作为书签的底衬，放上干花瓣之后封层。封层的材料有很多选择：宽的封箱带、塑料制的透明贴布、热缩片等。

作品二：干花琥珀

AB 胶和滴胶使用的模具可以轻松购买到。在制作前，混合好 AB 胶备用，先在模具中滴入少量胶水，再放入干花，最后再用胶水把模具填充饱满。只要放置到滴胶变硬，作品就完成了。

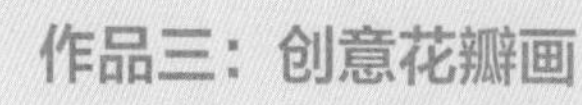

作品三：创意花瓣画

将不同形状的花瓣根据自己的创意放到画作中。比如把菊花当作鸟的羽毛、玫瑰花瓣粘贴成裙摆。看我的自画像，我手上拿的就是满天星的干花。

书房里的大自然

书房里的茶香

阳台上各种各样的植物为爸爸带去了生活乐趣，也给我们家带来了色彩和香味。我几乎每天早晨都能看到爸爸在阳台上忙碌，脸上写满惬意。

照料过植物后，爸爸习惯坐进书房，给自己泡上一杯冒着热气的茶。在来到茶杯里之前，茶叶经历了怎样的旅程呢？

采摘下茶树的叶子或者嫩芽，经过不同的加工方式制成可以直接冲泡的茶叶。它们不仅在外观上有很大差别，就连味道和散发出的香味都不一样。

小小探索笔记——区分花卉之茶树花和山茶花

茶树开的是茶花吗？其实我们常见的观赏植物茶花全名叫山茶花，它们和茶树是同科同属的“近亲”。

花瓣：茶树开的花一般拥有白色的花瓣，大多能明显数出花瓣片数（5～6片）。而山茶花不仅花瓣颜色丰富，花瓣的片数也很多。

花柄：茶树花有花柄，而山茶花没有花柄，花苞直接从枝条上萌发。

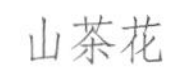
山茶花

茶树花

除了茶叶泡的茶，爸爸还会用各种花草泡茶喝。在喝茶和果汁的时候，我一下子就能把它们和植物联系到一起。还有些饮料看起来和植物没关系，但其实也是用植物作为原材料的。我就找到了几种很善于“伪装”的植物饮料。我猜你也喝过！

小小探索笔记——可以喝的植物

可可：可可粉加牛奶，是我最爱喝的饮料！可可粉是可可豆磨成的细粉，听到“豆”这个字，就不难想到可可是一种植物饮料了吧。

而且，巧克力的原料也是可可粉哟！

可可豆是可可树的种子，自然状态下的可可豆，成群结队地躲藏在豆荚里。一个豆荚所包含的豆子大约有 30 粒，有些豆荚甚至储藏了 50 粒种子！刚刚采摘下来的可可豆，并不像可可奶包装上画的那样呈现棕色，而是披着一层白色的胶质膜。经过发酵之后，可可豆才会变成浅棕色。

咖啡：不仔细看还真有点儿分不清咖啡豆和可可豆呢！但追溯到咖啡豆的源头——咖啡树，就能一眼发现它们的区别了。

咖啡豆也属于植物的种子，不过咖啡树的果实里一般只能装下两颗种子。每颗种子中间有一条纵向的凹槽。生咖啡豆呈现出稚嫩的黄绿色，经过烘焙之后，豆子的颜色会越来越深，直到变成深棕色。产地和烘焙程度不同的咖啡味道上也有差别，酸、甜、苦这几种味道我们都能在咖啡中体会到。

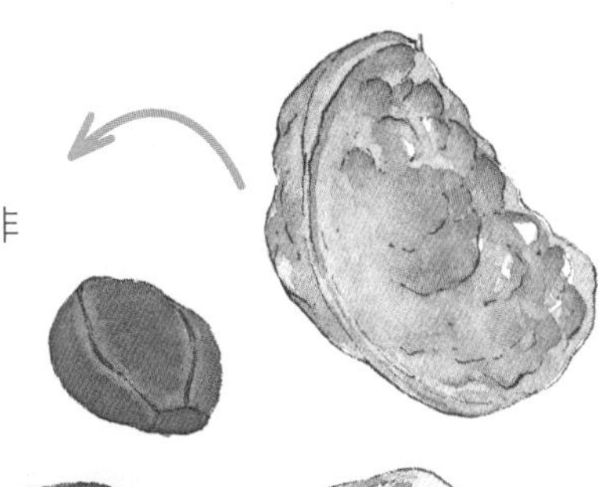

可乐：可乐这种风靡全球的饮料最早也来自植物。非洲等热带地区有一种叫可乐果的植物，当地人很享受咀嚼它的果实，因为果实中蕴藏着能让人提神的咖啡因和可可碱。人们因此得到启发，把可乐果和糖作为原料，研制出了最初的可乐。

小常识

咖啡不仅可以喝，在艺术家的眼中还可以被当作颜料，试着用咖啡创作自己的画作吧！

迷你藏宝阁

即使爸爸走出书房了，房间里似乎还弥漫着茶香。我最爱闻着淡淡的茶香，摆弄书架上的“神秘宝藏”。

这些宝藏就躲在爸爸妈妈众多的藏书里，我为它们制作了一个石头收藏架。里面除了摆放着我从各个地方找到的“石头”，还有问妈妈借来的首饰呢。

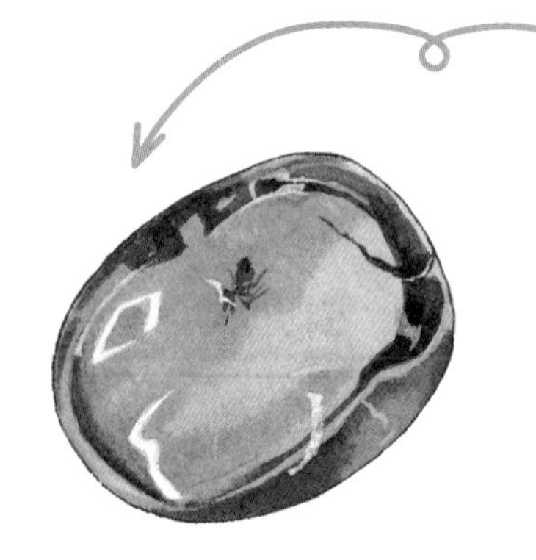

虫珀：

这颗裹着小虫的小石头是用滴胶做成的，而在自然界里，存在着天然形成的虫珀。很久很久以前的一天，一只小虫正在树上晒太阳。突然，这棵大树分泌出了浓厚的树脂，把小虫整个包裹了起来，形成了像水滴一般晶莹的小珠子。啪——这颗珠子滴落到地上，在接下来的几千万年里随着地壳运动，经过高温高压的天然加固，成了一颗美丽的化石。

鹅卵石：

经过地壳运动、山洪运动或长时间水流的冲刷，河底的石头变得圆润光滑，就像一颗颗鹅蛋。

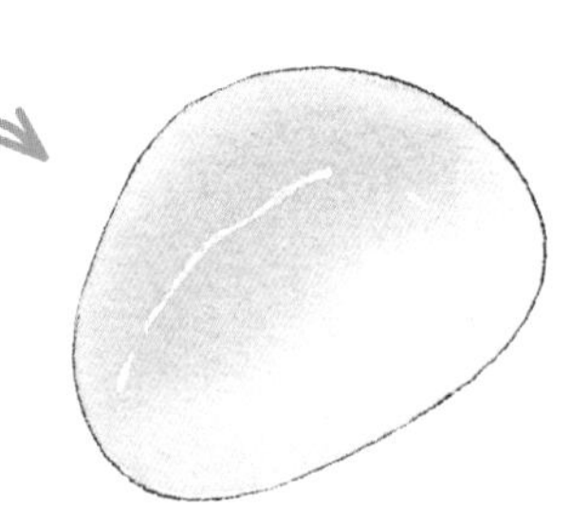

煤块：

不要小看这块黑乎乎的东西，它和电一样，让人离不开。以前人们使用煤饼、煤球，现在人们使用气化煤，通过管道传输到家家户户。点燃煤气灶，一桌桌好菜就要出锅了。

砖块：

用黏土、页岩或煤矸石等作为原料烧制而成。

小常识：岩石分三类

地球上的岩石可以分成三大类：火成岩、沉积岩和变质岩。

沉积岩：

地壳运动过程中，海底沉积了来自生物、其他岩石和矿物的残骸或碎片。这些遗留下来的物质聚集成块，就形成了沉积岩。被保留在沉积岩里的动植物就变成了化石。

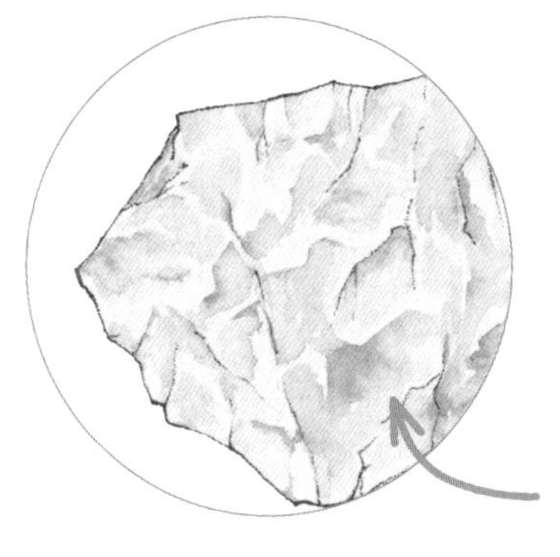

变质岩：

在压力和温度等影响下，自身的状态发生过改变而“变质”的岩石，被称为变质岩。火成岩和沉积岩都有可能转化成变质岩，不过需要很长时间——几千万年甚至数亿年。

火成岩（岩浆岩）：

火山喷发出的岩浆其实是一种液态的岩石，当它们冷却并凝固起来，就成了火成岩，也叫岩浆岩。许多建筑外墙用的花岗岩就属于这类。

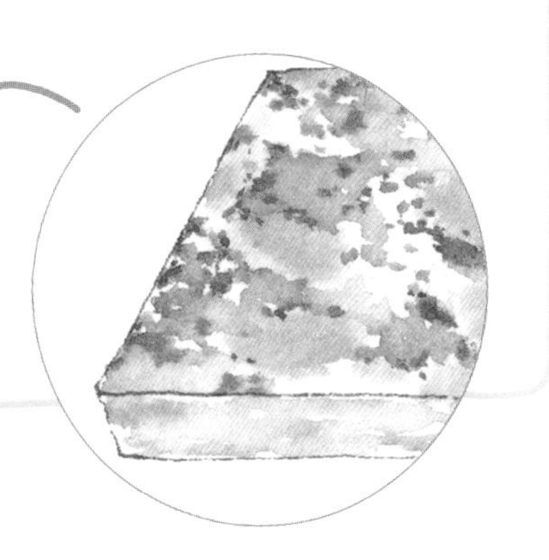

煤的形成

植物枯萎后，残骸沉积到了水底。

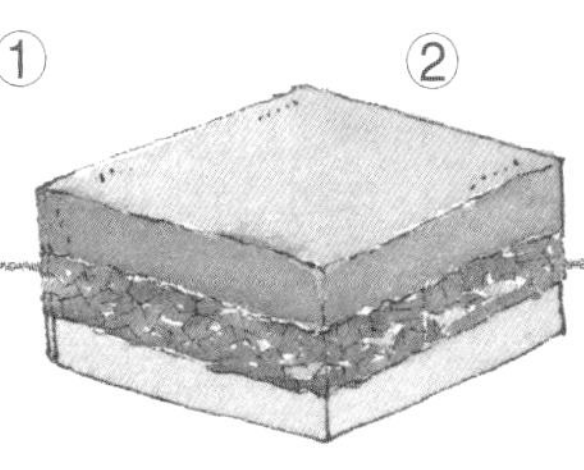

这些残骸在地质运动中，形成了泥炭。

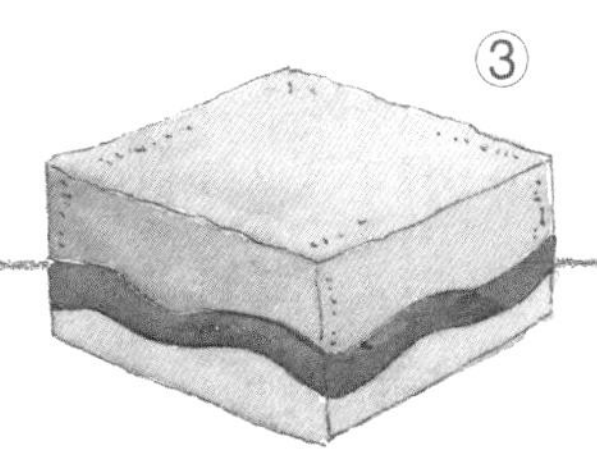

泥炭受到地下压力和地热的影响，变为褐煤。

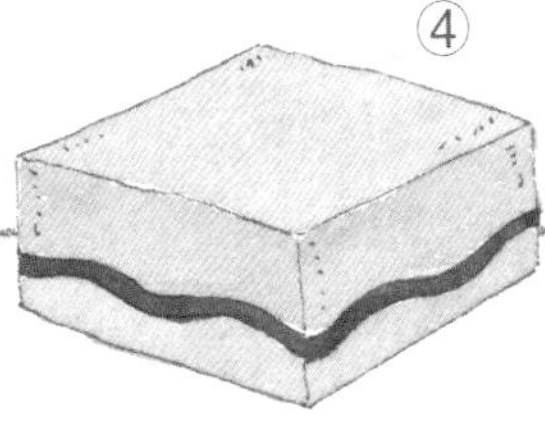

复杂的地质变化又进一步让褐煤变成了烟煤或无烟煤。

各种宝石：

我们每天都行走在街道上，却很难感觉到脚下的世界是怎样活动的。其实地球内部每时每刻都在产生巨大的热量，这让岩石不断承受着压力和温度的双重考验。它们内部的结构和成分被改变，催生出新的岩石和矿物种类，创造出了一个绚丽的地下王国。

其中的许多矿物都是以晶体的状态存在的，人们把这些晶体切割成不同的形状，将它们的美发挥到极致，这就是宝石。

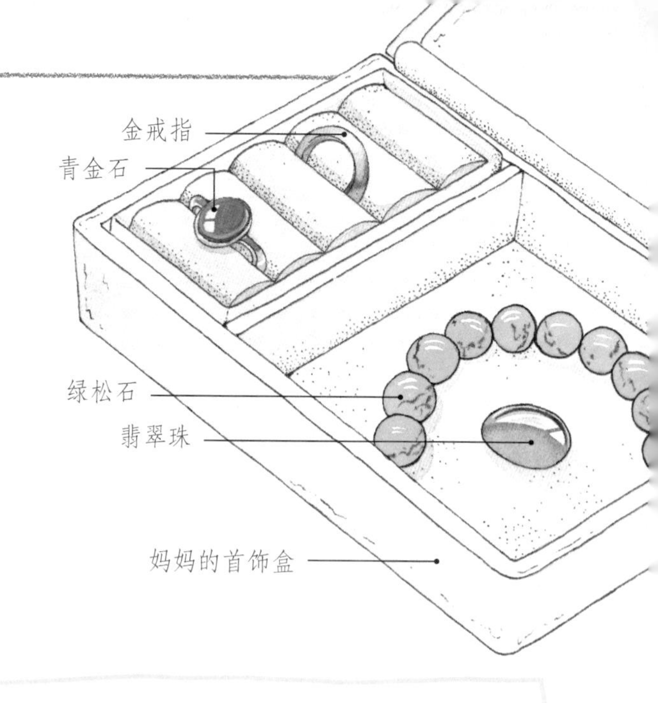

金：

相对于河道中的沙石来说，较重的黄金更难被流水带走，因此它们能在某一片河床上安家，形成矿床。人们能通过淘洗的方式，筛掉较轻的沙石颗粒，最终留下宝贵的黄金。

银：

天然银矿的表面有一条条丝状痕迹，像有一股力量拉扯过这块矿石。银和金一样，很早以前就被人用来制成各种生活用品和饰品。它们有很好的柔韧性和延展性，能轻易被塑形打造。

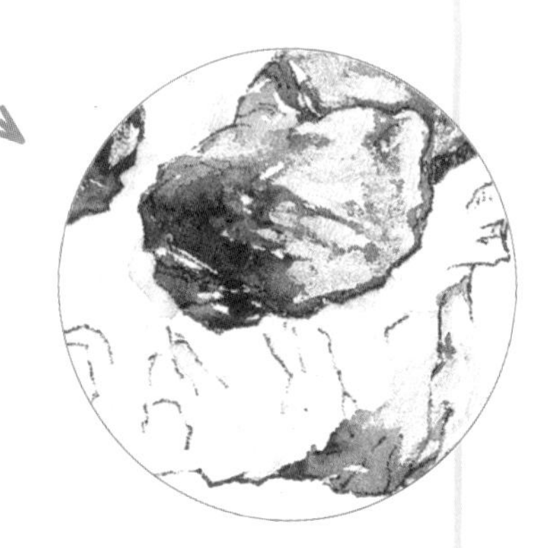

宝石：

红宝石和蓝宝石都属于一种叫刚玉的矿物。非常细微的成分差别导致了矿物呈现出不同的颜色，因此有了宝石的红蓝之分。

小小探索笔记——恢复银的光彩

银制品很容易氧化，暴露在空气里，与我们身上的汗接触都可能加速它的氧化过程。其实我们在家里就可以通过化学的手段让它们再白亮回去。

探索方法

动手实践、比较

目标

去除发黑的氧化层

方案一：
用牙膏清洁

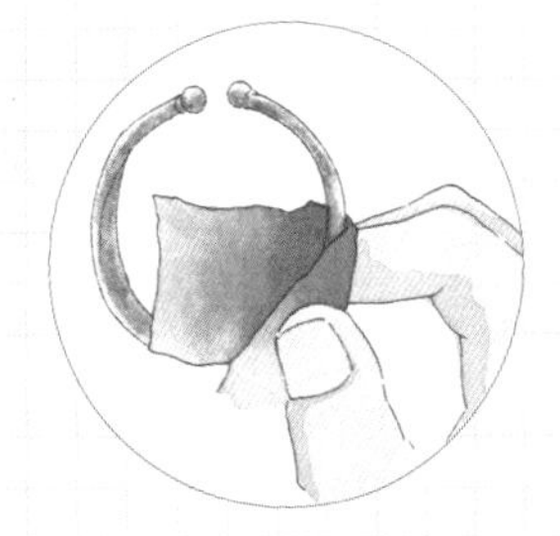

方案二：
用浓茶水擦拭

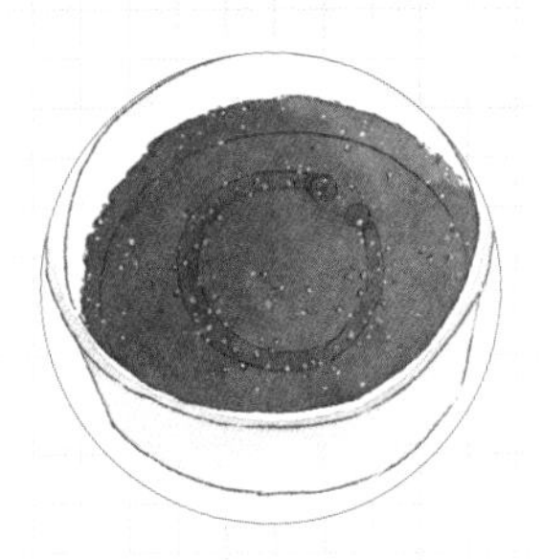

方案三：
用碳酸饮料浸泡

方案四：
用食醋擦拭

操作结果

用牙膏清洁的结果：比较难洗干净，表面有黏腻的残留，擦的过程中容易损伤饰品表面。

用食醋擦拭的结果：________________

用碳酸饮料浸泡的结果：________________

用浓茶水擦拭的结果：________________

请按照你观察到的实际情况记录你的实验结果吧！

小小探索笔记——矿物颜料连连看

矿物不仅仅向我们展示了看不见的地下世界，有的还很有“艺术造诣”呢。你知道吗？古代的颜料中，不仅有从动植物中提取的，还有许多就来自矿物。矿物颜料的色彩非常亮丽，在绘画和建筑上都能找到它们。

我整理了一个对照表，连接着矿物、对应的颜料和实例。

矿物	颜料	实际运用	毒性
雌黄	藤黄	在古代，人们会用雌黄涂改文章。	有微弱毒性。
雄黄	朱磦	民间会用雄黄酒驱赶蛇虫。	有毒性。
朱砂	朱砂	古代帝王批阅奏章时的“朱批”就是用朱砂粉末调制成的。	有毒性。
蓝铜矿	石青	青绿山水画使用的就是这两种矿物颜料。	有毒性。
石绿（孔雀石）	石绿		无毒。
青金石	群青	清朝的建筑中许多梁的底色都用群青刷成。	无毒。
赭石（赤铁矿）	赭石	国画中的浅绛山水画用的就是这种矿物颜料。	无毒。

卧室里的
大自然

大树的无声陪伴

已经到了午睡时间！可今天的旅程还没有结束呢，我爬到床上环顾四周，发现从椅子到桌子，再从柜子到地板，家里的每个房间都有木头的守护。这些家具使用的木材来自不同种类的大树，木纹里还刻画着树木的故事。

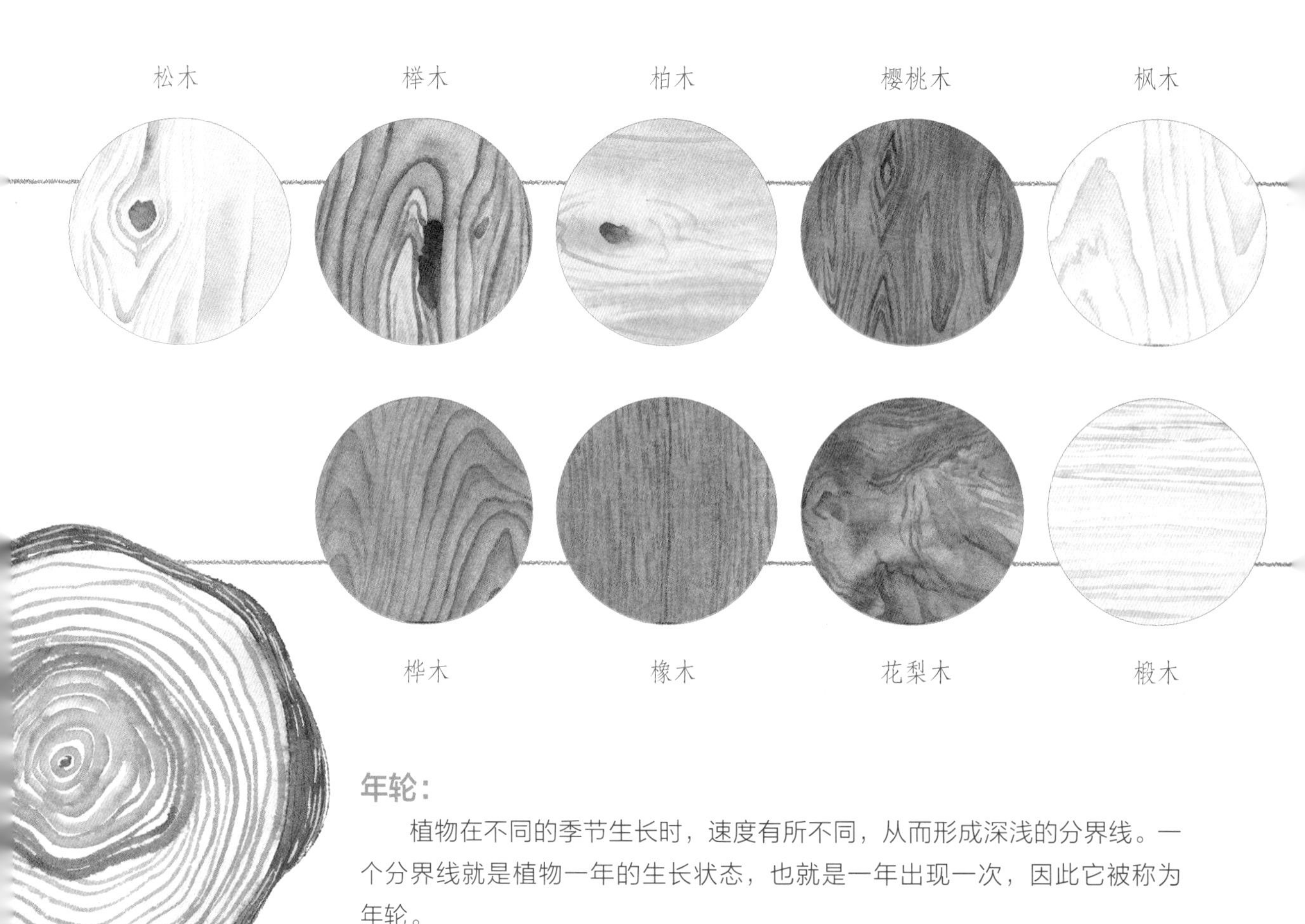

年轮：

植物在不同的季节生长时，速度有所不同，从而形成深浅的分界线。一个分界线就是植物一年的生长状态，也就是一年出现一次，因此它被称为年轮。

颜色浅的部分：春天气候温和，雨水充沛，适合树木生长。树木在这个时期长得比较快，木材的颜色会比较浅，质地也比较疏松。

颜色深的部分：当气候条件不那么理想的时候，树木的生长节奏就减缓了，这时候的木材颜色就会变得比较深，质地比较紧实。

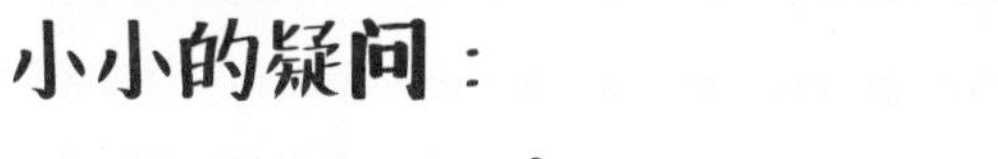

如果一棵树在一年里先后经历不同的气候环境，年轮会有明显变化吗？

答案：

年轮一年只形成一次。所以一年中的变化并不会在年轮的发生中留下痕迹，可一旦隔年，就能在木纹中看出变化了。

小常识：迷路不慌，找树帮忙

在我们所处的北半球，阳光在大多数时候从南面照射过来。因此，通常树木的南面生长条件更好，长得更快。这样一来，树木的年轮就有“南宽北窄”的现象了。如果你在树林里迷路了，看看树木的年轮，就能辨别南北哟。

穿在身上的自然

我们的自然之旅还在继续，不过天气突然转凉了，我得先去爸爸妈妈的卧室里找一件外套披上。

打开衣柜，里面挂着全家人这一季穿的外衣，底下的收纳箱里还卷着冬季的羽绒服。伸手触摸这些衣服的时候，我发现棉衣的料子捏久了会微微发热，而丝麻的衣料搭在手背上有点儿凉……啊，衣柜里也有大自然的痕迹！

棉衣：

棉衣里填充的是柔软的棉花。棉花的长相在植物的世界里与众不同，通常我们看到的白色棉花团，并不是它的花冠，而是它的种子纤维。这部分含有丰富的纤维素，具有韧性，因此能用在纺织上。

丝麻衣服：

麻常常和丝一起混纺，织出来的布料透气性很好，容易散热。蚕宝宝吐丝结茧，然后破茧而出，变身为蚕蛾。人们把这些蚕茧收集起来，煮水抽丝，当作纺线。中国是世界上最早驯化桑树和养殖桑蚕的国家。

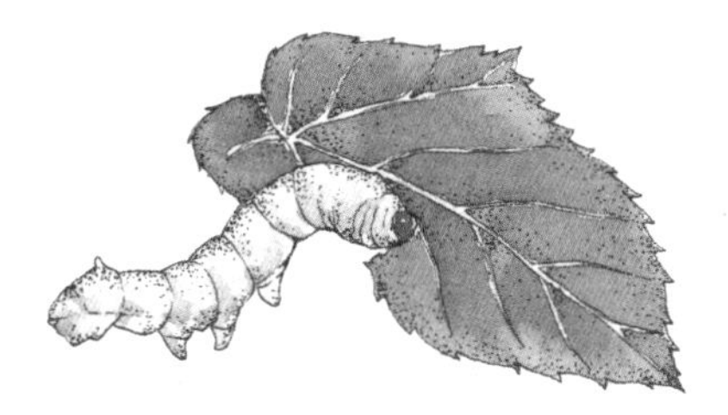

麻料衣服：

麻料是一种植物纤维，可以从麻类植物的茎皮里获得，最常用的是苎麻、亚麻和剑麻。苎麻的纤维比棉和丝的纤维都要粗，所以触摸麻布的时候，会有点儿扎手的感觉。但麻纤维非常轻，透气性强，夏天穿着最合适不过了。

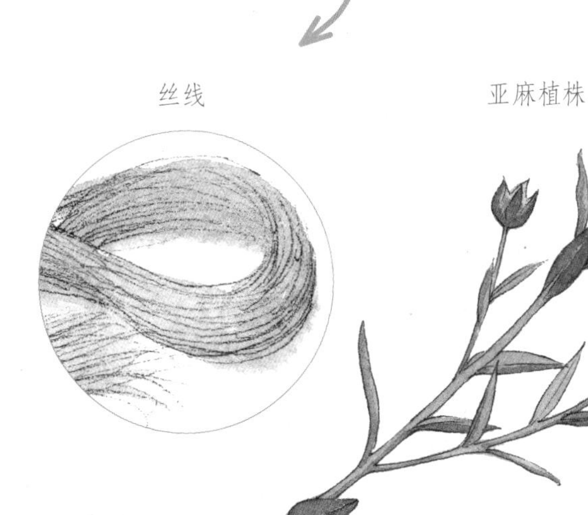

小小探索笔记——扎染DIY

使用不同的纺织材料制成的布料带给我们不同的触感，不同的色彩则带给我们不同的心情。布料上缤纷的色彩是如何染上去的呢？模仿传统的扎染工艺，在家里也可以染出有个性的衣服。

准备工具：染料（挑选自己喜欢的颜色）、麻绳（结实一点儿的绳线）、脸盆、塑料手套、毛笔或刷子、保鲜膜、纯色布料或者衣服（避免和染料颜色相同）、冷染前处理剂。

操作步骤

在开始之前需要用冷染前处理剂将布料浸泡10分钟，保证上色度。

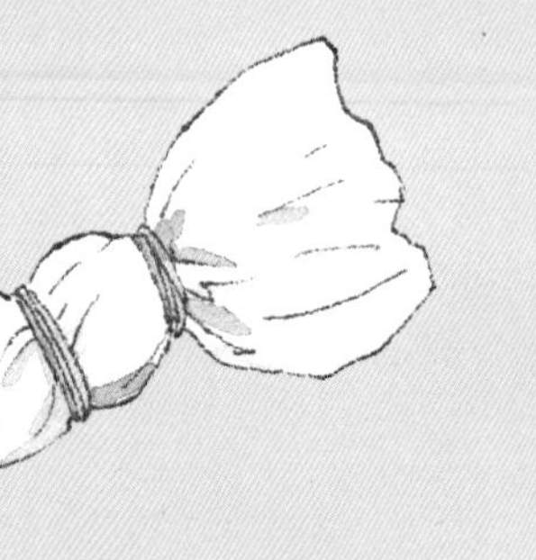

①想象莲藕的样子，用绳子把布料捆扎成几段。间隔和绳结数量都可以根据自己的喜好决定。

②用笔蘸取染料，刷在没有被捆绑的部分。也可以尝试多用几种颜色渲染。

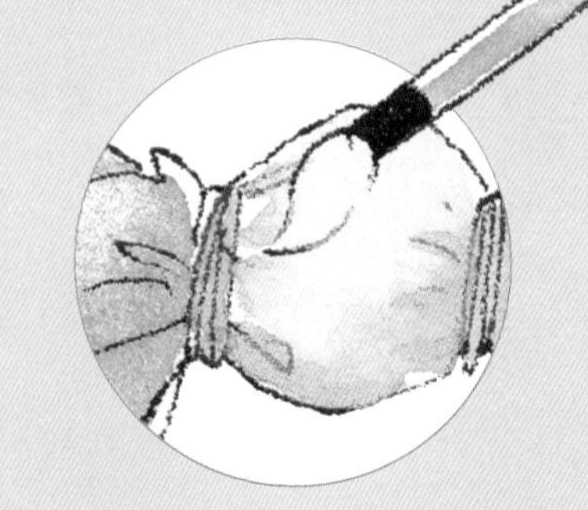

③上完色之后，用保鲜膜把衣服裹起来，静置。

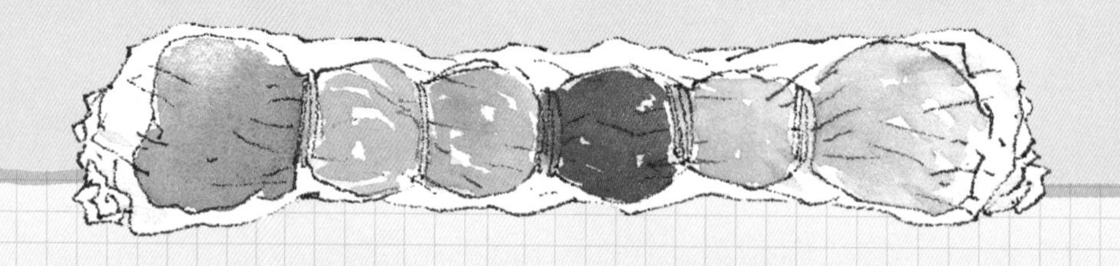

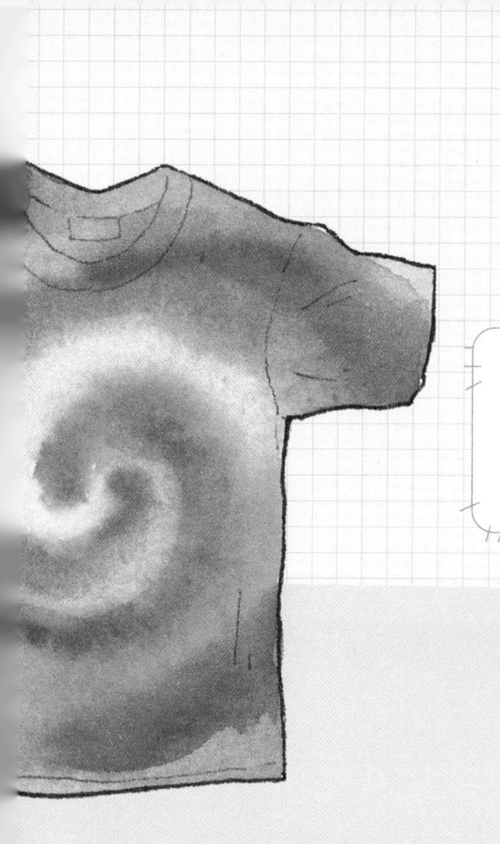

小贴士：

在古代，染色所用的染料大多来自大自然，人们从矿物、植物和动物身上提取出各种颜色。比如板蓝这种植物经过加工能染出漂亮的蓝色，那是扎染最常用的颜色。

④ 24小时后，松开绳结，展开衣服，你就能发现惊喜了！

⑤清洗一下，晾晒干，就可以把作品穿上身啦。

基本原理

绳结扎住的地方染料无法渗透，加上扎痕形状不规则，就形成了图案的轮廓。即使捆扎的位置相同，染色的深浅和绳子捆扎的松紧不同，也能让图案呈现巨大差异。所以说，每一份扎染作品都是独一无二的哟！

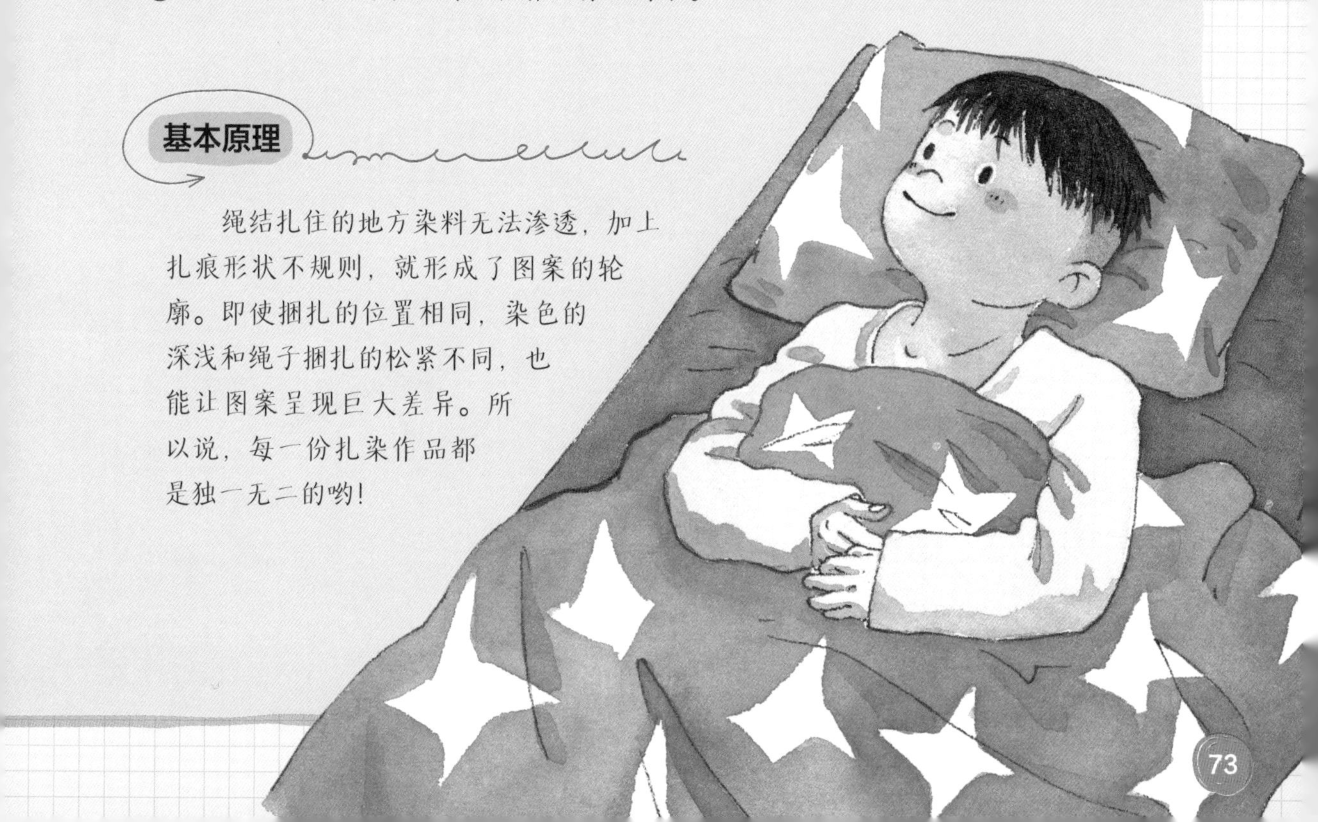

可不能漏了角落里的收纳箱，这里摆着我们冬天穿的衣物，它们似乎和动物们的关系十分密切。

羽绒服：

羽绒服能在寒冷的冬天带给我们温暖，这股暖意都要依赖于衣服里填充的羽绒。

鸟类的羽毛既能保温，又能防水，其实这种神奇的“道具”是它们皮肤的衍生物。鸟儿身上的羽毛不止一种：最外层的是协助飞翔的正羽；正羽下面藏着保温功能极好的绒羽；在正羽和绒羽之间还生着细长的纤羽，担负着触觉的功能。还有一种半绒羽，负责隔热。水禽的绒羽特别发达，我们常穿的羽绒服里填充的大多是鸭绒。

小常识

鸟儿的腹部是一块裸区，不仅如此，鸟妈妈在孵卵的时候腹部周围的羽毛也会脱落，形成“孵卵斑”。这样，温暖的皮肤能直接和蛋面接触，让鸟蛋能够顺利发育。

小小的疑问：鸟儿浑身都长着羽毛吗？

答案：

不是。对于需要飞翔的鸟儿来说，如果浑身都长满羽毛，会让动作变得不灵活。它们的身上分成长羽毛的羽区和不长羽毛的裸区，这样的结构不仅利于鸟儿飞翔，还能帮助它们散热。

毛衣：

哺乳动物身上的毛也是一种皮肤衍生物，它们就像羽毛为鸟儿保暖一样发挥着重要的作用。人们将动物的毛作为原料，制作纺织物，在冬天穿着御寒。绵羊毛和山羊绒是最常用的原料。

哺乳动物的毛也分成三种：最外层的是摸起来最坚韧的针毛；针毛下同样有一层保温隔热的绒毛；还有一种毛常常长在动物的嘴巴附近，不容易观察到，那就是起触觉作用的触毛。

动物们还有一些其他皮肤衍生物，比如汗腺、爪子和角等等。有一些不法商贩和偷猎者用野生动物这些特殊的器官牟利，许多宝贵的动物种群因此从地球上消失。我们要将“保护野生动物”的理念传递给身边的人，拒绝野生动物制品的交易。

小常识

动物在冬天看起来似乎比夏天胖了好几圈。这不一定是动物真的胖了，而是季节性换毛导致的。一般哺乳动物的毛在春秋季都会更换一次，以适应炎热的夏季和寒冷的冬季。

房间里的香味

阳台有花卉的香气，书房里有茶叶的清香，就连卧室也时常萦绕着香味呢。有时候是水果的香甜，有时候是花草的芬芳。可房间里没有放盆栽，没有摆果盘，这些气味是从哪里来的呢？

仔细闻一闻，香味最浓郁的地方似乎是妈妈的梳妆台。

小小探索笔记——寻找香气

我发现家里有一个地方，在我们印象里跟香气没什么关系，却藏着很多带香味的东西。这个地方就是——卫生间！

肥皂、洗手液、沐浴露、洗发水等，这些日用品都有着好闻的味道。看看它们包装上写的：莲花、薄荷、柠檬、菊花……都是植物啊。植物的提取物不光能增加香气，还有许多对皮肤有不同的保护作用。

妈妈告诉我，有许多水果的果皮里含有油脂，当果实成熟的时候这些油脂就会释放出香气。怪不得我剥橘子的时候，手上也有一股清香呢！

去你的家里找找看，还有什么日用品也能散发香味呢？

小常识

不仅是果皮，许多植物的叶、茎、花等部位中都能提取出芳香成分。

在关灯之后

我们一天中的大部分时间都在卧室里度过，尤其是夜晚。不过，在我们呼呼大睡的夜里，屋里窗外却上演着好戏。

在夏天的夜里，我总被嗡嗡的声音惊醒。静静聆听，我发现夜晚并不安静，原来关了灯之后，还有许多不想睡觉的“小伙伴”呢。

第一种声音：蚊子的声音

嗡嗡声：

许多昆虫靠近我们的时候，都会发出嗡嗡的声音，比如蚊子、苍蝇、蜜蜂等。这不是它们的叫声，而是它们快速扇动翅膀的声音。

胳膊上起的包：

雌性蚊子不但能准确把口器刺入我们的血管，还会分泌抗凝血的物质，让用餐过程毫无阻碍。皮肤表面起的小红包就是我们人体为了对抗蚊子叮咬产生的免疫反应。

蚊子的“武器”：

蚊子长着刺针一样的口器，能够扎进植物或者动物的皮肤里，吸食汁液或血液。不过只有雌性的蚊子才会吸食动物和人的血液，它们在交配之后需要通过吸食血液摄取营养，这样它们的卵巢才能正常发育，顺利产下后代。而雄性的蚊子是“素食主义者”，只靠植物的汁液或者花蜜为生。

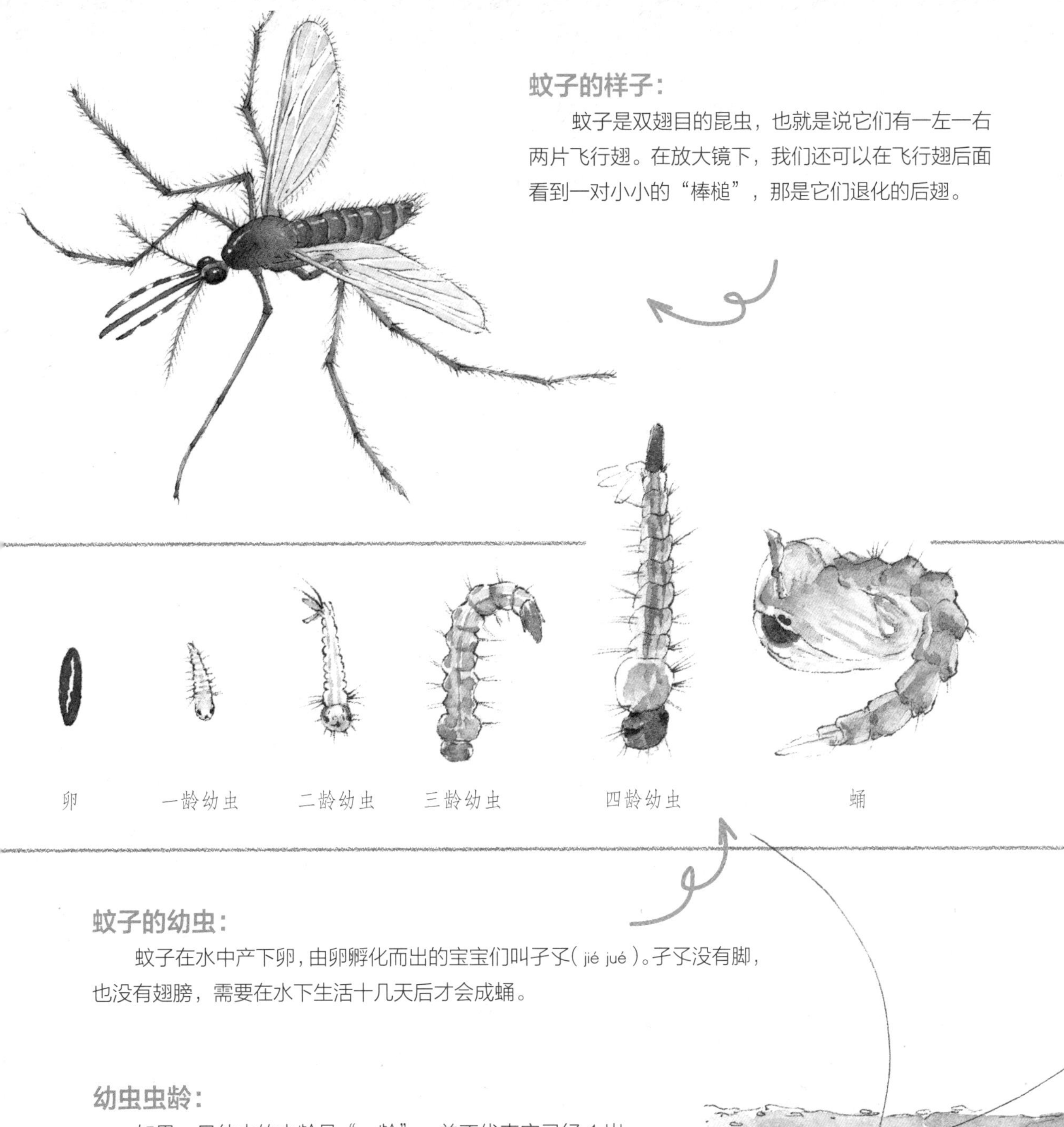

蚊子的样子：

蚊子是双翅目的昆虫，也就是说它们有一左一右两片飞行翅。在放大镜下，我们还可以在飞行翅后面看到一对小小的“棒槌”，那是它们退化的后翅。

蚊子的幼虫：

蚊子在水中产下卵，由卵孵化而出的宝宝们叫孑孓(jié jué)。孑孓没有脚，也没有翅膀，需要在水下生活十几天后才会成蛹。

幼虫虫龄：

如果一只幼虫的虫龄是“一龄”，并不代表它已经 1 岁了，而是说它蜕过一次皮。幼虫每蜕皮一次就增加一龄，比如蜕皮四次的幼虫就是四龄幼虫。不同种类的幼虫需要经历的蜕皮次数不同，一般是 4 ~ 5 次。最后一次蜕皮的到来就预示着它们即将羽化，变为成虫了。

第二种声音：蝈蝈的声音

挂在窗口的小竹笼里饲养着一只蝈蝈，时不时就发出连续急促的叫声。

特别的“饮食习惯”：

蝈蝈、蟋蟀都有一个特别的“饮食习惯”——在蜕皮后，它们会把蜕下的皮吃掉。

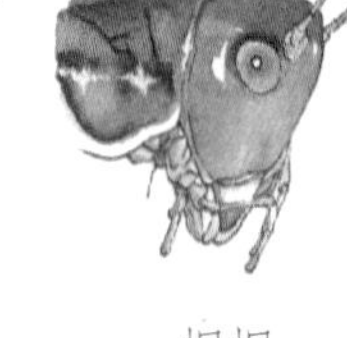

蝈蝈

触角：

蝈蝈头部的触角很长，甚至比身体还要长。而跟它长得很像的蝗虫，触角就短于身体。通过观察触角就能区分它们。

发声：

雄性蝈蝈的两片前翅可以相互摩擦发出声响，在它想要吸引雌性或者受到惊吓的时候都会发出声音。

后腿：

蝈蝈有一对让人羡慕的“大长腿”，那是一对跳跃足。如果你看到一种昆虫长着这样的后足，就能推测出它是个“跳高健将”。

蟋蟀还是蝈蝈?

蝈蝈通常都停在地面或者植物上，而蟋蟀就没那么容易找到了。它们一般都躲藏在树叶、石块、土块下面，十分低调。

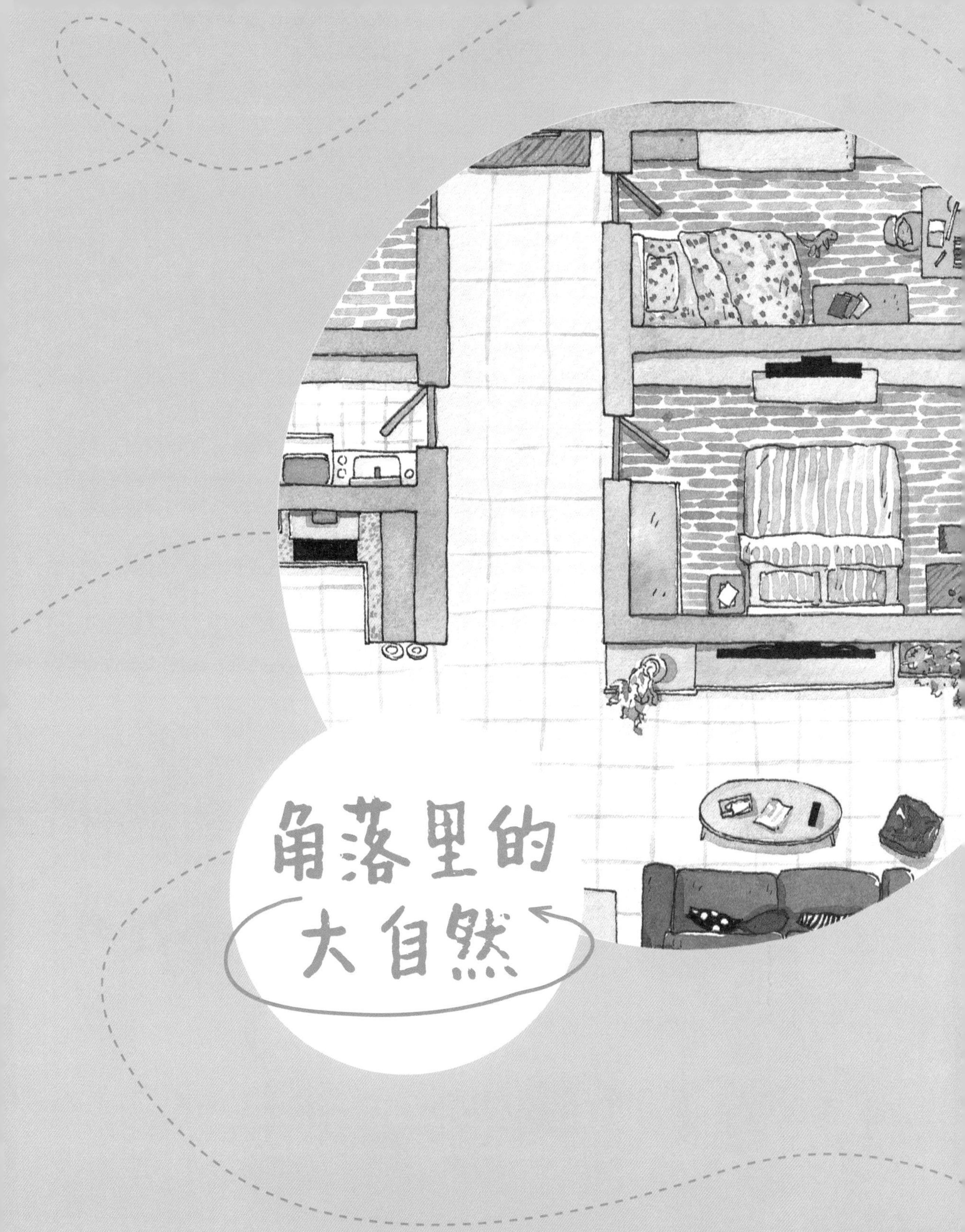
角落里的
大自然

被遗漏的“居民”

回顾了一整天的探索，我把收获分享给了爸爸妈妈。同时，我也在问自己：还有没有被我遗漏的“居民”呢？爸爸和妈妈给了我一些小提示。

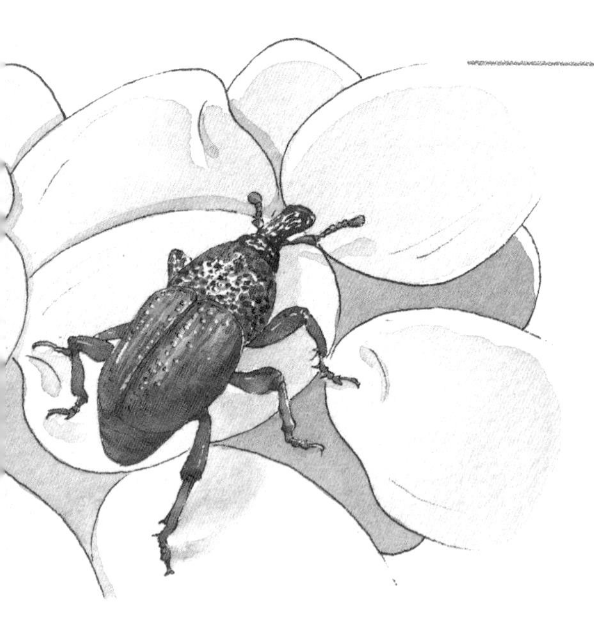

提示一：大米里的“居民”

我记得有一次吃饭的时候，发现了米粒中间的小黑点。我再用筷子拨了拨，发现这竟然是只小虫子。

我们偶尔在米里找到的这种米虫，因为嘴巴（口吻部）长长的，像象鼻一样，所以被叫作米象。它们的个头儿比米粒还小，穿梭在缝隙之间享受美餐。米象虽然身材迷你，却是名副其实的昆虫。拿出放大镜，我们可以从它身上了解到昆虫的基本特征。

特征一：身体明显分成 3 个部分，分别是头部、胸部和腹部。

昆虫身体 3 个部分的差异非常明显，即使是圆滚滚的瓢虫，放大之后也能清楚地看出它的头部。

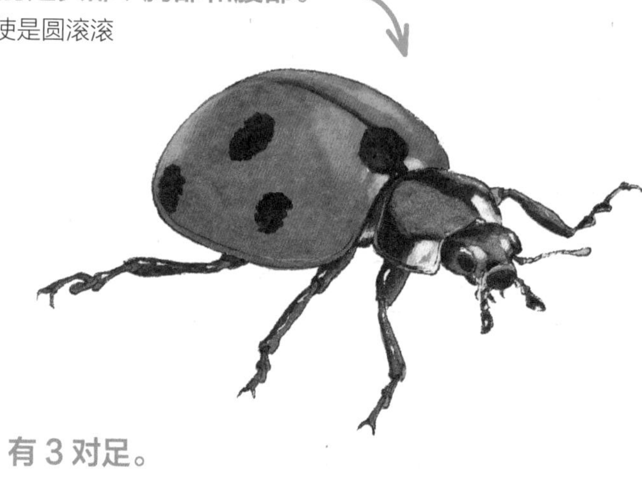

特征二：有 3 对足。

昆虫的 3 对大长腿非常惹眼，看起来似乎分布在身体四周，实际上它们都长在胸部哟。米象的头顶上还有两条“小腿”，那其实是用来感觉的触角。

特征三：有 2 对翅膀。

米象属于鞘翅目，这类昆虫的前翅都成了坚硬的甲壳，因此它们也被称为甲虫。这种甲壳就是“鞘翅”，而柔软的后翅则藏在“鞘翅”里，常见的瓢虫也属于这一类，和它们的大长腿一样，它们的翅膀也都长在胸部哟。

小贴士：怎样防止米桶里生虫呢？

米象不喜欢刺激性气味，生姜和大蒜的味道足以让它们退缩。在米桶底部放几小块姜或者几瓣大蒜，这位“房客”就自动搬走了。

我们有时候会发现一个现象：不小心踢到路边的西瓜虫，或者拨动一下小甲虫，它们会突然身体僵硬，一动不动，看起来就像死了一样。但过了几分钟，它们又舒展开身子，活跃了起来。这种假死行为是一些昆虫躲避天敌的方法。

小小的疑问一：昆虫都有6条腿吗？

答案：

不完全是。正常的成年昆虫都有3对足，也就是6条腿。可当它们还是宝宝的时候，就完全不是这个样子了。比如，可爱的蚕宝宝就长着16条腿，当它破蛹成蛾的时候，才变成了6条腿。我们可以说正常的成虫一定是有6条腿的，昆虫纲也因此被称为六足纲。

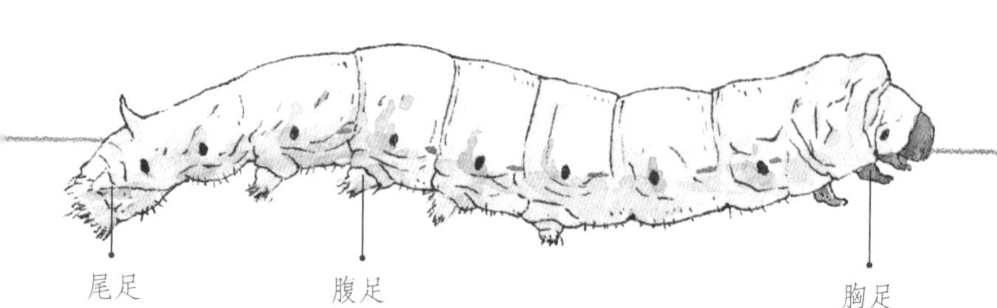

蚕宝宝有3对胸足、4对腹足和1对尾足。

小常识

昆虫纲是个庞大的组织。昆虫的分布非常广，种类也非常多。如果你遇到一种未知的动物，有50%的概率就是某种昆虫。

美丽的蝴蝶也是有6条腿，不过它们的一生会经历4个时期：卵期、幼虫期、蛹期和成虫期。蝴蝶幼虫就是我们常说的毛毛虫，毛毛虫大多共有16条腿。

提示二：旧书里的“小点”

翻开书架上的旧书，有时候会有一个小灰点一闪而过。再翻几页，它又出现了。这些喜欢在潮湿昏暗的纸缝里生存的生物也是昆虫家族的成员——衣鱼。时间久了，它们啃食过的书页会出现小洞。

衣鱼最特别的地方在于：它们虽然是昆虫，却没有翅膀。衣鱼是昆虫里比较原始的种类，虽然只能爬行生活，但它们行动起来非常快。

石蛃和衣鱼看起来有点儿相像，它们喜欢居住在枯枝落叶和石头下。当石蛃受到威胁时，能一下子跳二三十厘米远，大约是它体长的几十倍呢。衣鱼目和石蛃目的昆虫都没有翅膀，而且即使变为成虫，也还会继续蜕皮。

石蛃一般
体长 6~26 毫米。

提示三：身材迷你，但不是昆虫

门缝里有时候会溜出一个小身影，凑近一瞧，是一只小蜘蛛啊。家里常常见到的是小型的跳蛛，它和昆虫一样属于节肢动物，但并不是昆虫。

它们有几条腿?

蜘蛛有 4 对足，一共 8 条腿。

它们有几只眼?

如果把蜘蛛的头部放大，你会发现这个小家伙长得还挺可爱的。蜘蛛一般有 4 对单眼，有的长得特别大，有的则容易被忽略。单眼只有感光的功能，因此蜘蛛的视力都很差。

它们的毛有什么用?

蜘蛛看起来毛茸茸的。这些全身分布的毛都连着它们的神经系统，不但担负着鼻子、舌头的功能，还能感受到空气中微弱的震动，察觉猎物的靠近，能大大弥补它们视觉上的不足。

它们是怎么织网的?

蜘蛛的吐丝器位于它们的腹部。蛛丝是一种非常有韧性和弹性的蛋白质。我们拉扯蛛网的时候，会发现蛛网很难扯断，而且越拉越长。蜘蛛织网前都会看准风向和风力，借助风定位，先搭建网的外围轮廓，再沿着网爬动，织出辐射状和螺旋状的网线。辐射状的线是没有黏性的，而螺旋状的线具有黏性，可以粘住飞过的小虫。

小小的疑问二：蜘蛛都会织网吗？

答案：

不是！少数种类的蜘蛛并不靠织网捕猎，而是主动出击，过着游猎生活。跳蛛、狼蛛都是这类蜘蛛。

常见的蜘蛛种类

跳蛛

棒络新妇

悦目金蛛

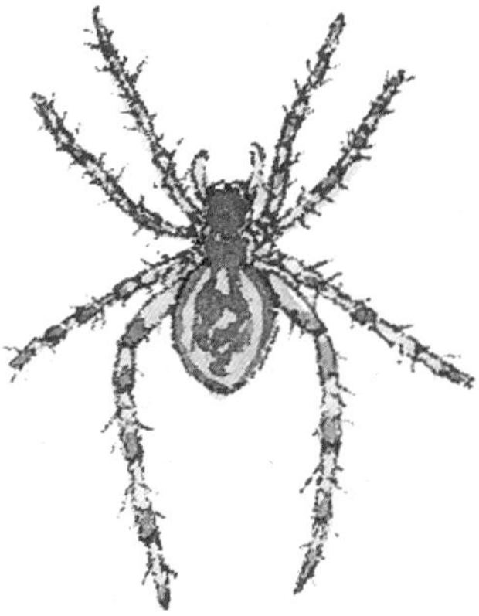

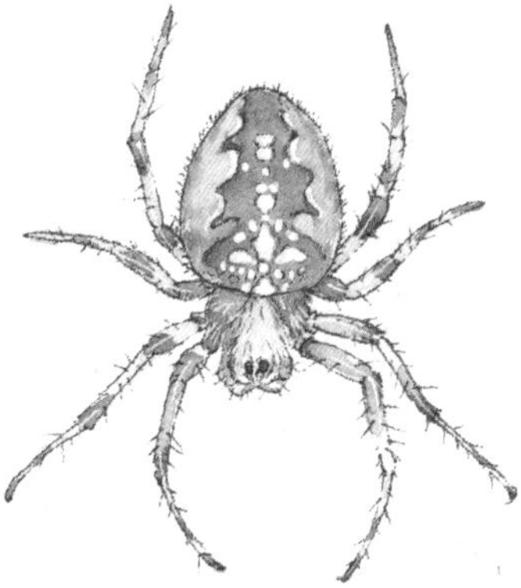

大腹园蛛

角红蟹蛛

黄斑园蛛

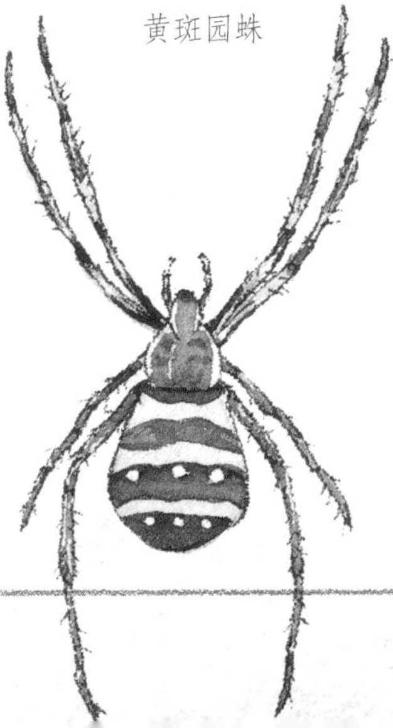

节肢动物

角落里这些访客个头儿虽小，却都来自于动物界里最庞大的一个“门”——节肢动物门。在我们已知的动物种类里，节肢动物占到了 80% 以上。早在人类出现以前，有的节肢动物就已经在地球上生活了，它们可能比我们还要熟悉这个星球。

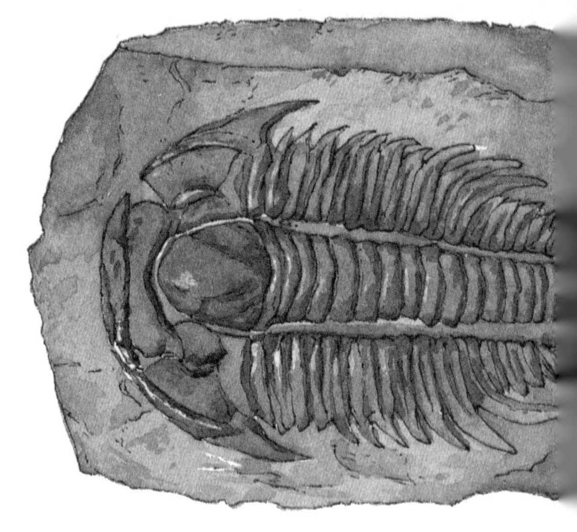

生活在距今约 5 亿年前的三叶虫的化石

什么是节肢动物？

①蚯蚓是节肢动物吗？

节肢动物的身体都有分节，但每段大小都不一样，这叫作异律分节。而蚯蚓除了有一段光滑的环带，其他部分都是几乎同样大小的分节，属于同律分节。所以蚯蚓并不是节肢动物，而是环节动物。

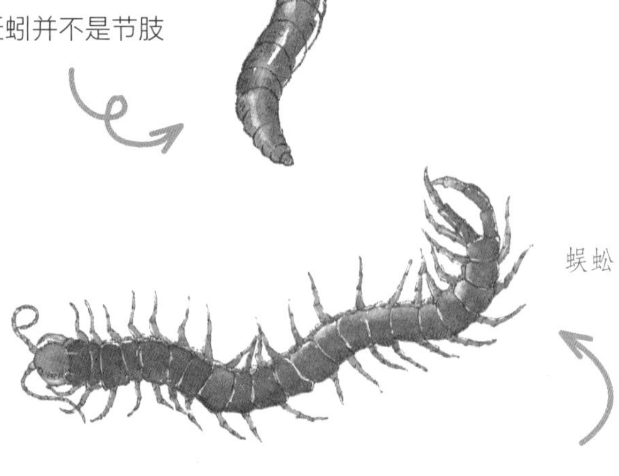

②昆虫和节肢动物是什么关系？

昆虫是节肢动物，但节肢动物并不都是昆虫。节肢动物下有 5 个亚门，昆虫所在的六足亚门就是其中之一。其他几个分别是：三叶虫亚门，代表动物是已经灭绝的三叶虫；甲壳亚门，代表动物是虾、蟹等；螯肢亚门，代表动物则是蜘蛛、蝎子等；多足亚门，代表动物有蜈蚣、马陆等。

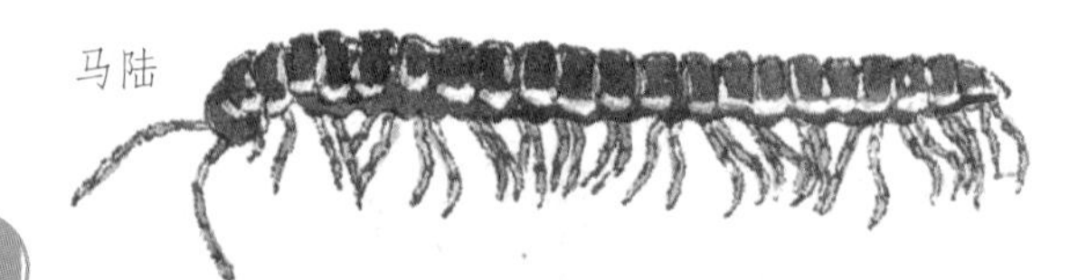

③怎么区分昆虫和其他节肢动物呢？

最直观的方法就是数一数它有几条腿。除了幼虫和无翅亚纲的昆虫，成体昆虫都有 6 条腿。而且在节肢动物中，只有昆虫才有飞翔的本领，这也是判断的方法之一。

④我们为什么离不开节肢动物？

大多数节肢动物能消化腐败的植物、动物的尸体，以及一些微生物，是大自然的清道夫。同时它们还是许多高等动物的食物，是食物链不可或缺的一环。而且蜜蜂、蝴蝶、蝇类等昆虫能够为植物授粉，让植物顺利繁衍下去。

小常识：它们也是节肢动物

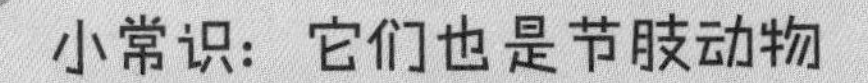

你发现了吗？不论是沼虾、对虾，还是小龙虾、大龙虾，它们的身体都分成了许多段。它们有着大大的脑袋、分节明显的身体、蝴蝶状的尾巴。虾就是一种节肢动物。

中国对虾

日本沼虾

斑节虾

小龙虾

来无影去无踪的细菌

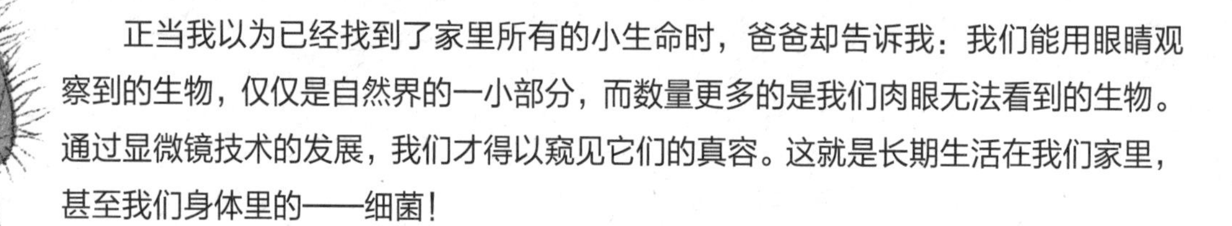

正当我以为已经找到了家里所有的小生命时，爸爸却告诉我：我们能用眼睛观察到的生物，仅仅是自然界的一小部分，而数量更多的是我们肉眼无法看到的生物。通过显微镜技术的发展，我们才得以窥见它们的真容。这就是长期生活在我们家里，甚至我们身体里的——细菌！

借助电子显微镜，人们才能对细菌展开研究。日常，我们虽然看不见这种小到要用微米或纳米计量的生物，却深深被它们影响着。看看它们和我们“交手”的场面吧，也许你也经历过。

第一回合：胃 vs 幽门螺杆菌

幽门螺杆菌会看准人体脆弱的时刻，比如肠胃虚弱、感冒的时候，伴随着生的或是不洁的食物进入人体内。之后，它们便肆无忌惮地繁殖起来，让我们产生不适感。

我们的表现：似乎没有吃坏什么东西，但总觉得胃胀气，不停打空嗝儿。慢慢地，我们的食欲也下降了，甚至会产生剧烈的腹痛。

检查结果：幽门螺杆菌感染。

解决方法：医院能够进行有效的检测，判断我们是否感染幽门螺杆菌。一般来说，感染幽门螺杆菌后，经严格用药就能痊愈。

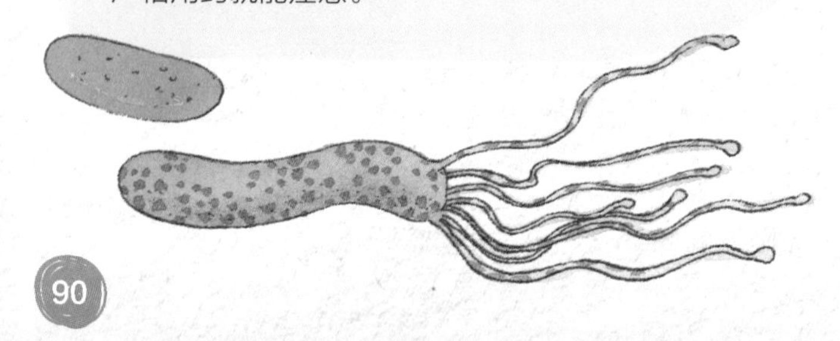

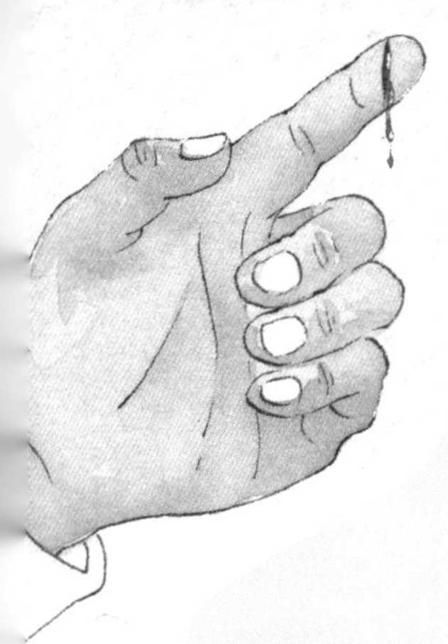

第二回合：伤口 vs 球菌家族

以葡萄球菌为代表的一些细菌，容易滋生在创口处。许多细菌都会从创面、口部入侵人体。所以在日常生活中要注意勤洗手，而且受伤后要及时处理伤口。

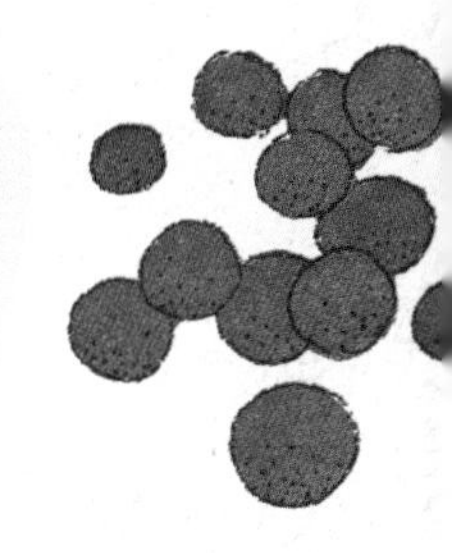

我们的表现：手指不小心划伤后，没有及时处理，伤口会红肿甚至化脓。

检查结果：细菌感染伤口，引发炎症。

解决方法：消毒后使用消炎药，伤口会痊愈。

小常识

感染病毒或细菌都会引发疾病，但它们是两种完全不同的生物。同样是感冒，由病毒导致的感冒和由细菌导致的感冒，症状有明显不同。

避免细菌感染的小口诀：
饭前便后勤洗手，刷牙洗脸不放松。
食物过期请丢弃，掉在地上不能吃。
贴身衣物勤换洗，晒晒太阳暖洋洋。
积极锻炼更健康，细菌来了也不慌。

第三回合：肠道 vs 益生菌

人体中本身就存在一些菌群，比如酵母菌、丁酸梭菌、双歧杆菌，它们能帮助我们增强免疫力和肠道活力。在肠道感染时合理补充菌群，能让我们体内的菌群平衡，修复受伤的组织。你应该听过“乳酸菌”吧！它们是一种有益的菌群，可以发酵碳水化合物，形成乳酸。酸奶就是利用乳酸菌发酵的。我们习惯把对人们有益的菌群统称为益生菌。

我们的表现：消化不良，肚子总是鼓胀着；又或者总拉肚子，甚至上吐下泻。

检查结果：作息不规律或者细菌感染，导致肠功能紊乱。

解决方法：补充一些肠道活菌。

我家的大自然之旅就在微观世界中告一段落了。不过，外面的世界是不是还有更多奥秘等着我们去探索和发现呢？相信不论是屋檐下，还是蓝天下，大自然都陪伴着我们。

当你的脑袋里产生疑惑，试着观察、比较、描述、记录和实践，自然能为你一一解答。